Dr. José Antonio Milán Pérez

El Cambio Climatico

Dr. José Antonio Milán Pérez

El Cambio Climatico

sus Causas, Riesgos, Impactos, Adaptacion y Mitigacion

Editorial Académica Española

Imprint

Any brand names and product names mentioned in this book are subject to trademark, brand or patent protection and are trademarks or registered trademarks of their respective holders. The use of brand names, product names, common names, trade names, product descriptions etc. even without a particular marking in this work is in no way to be construed to mean that such names may be regarded as unrestricted in respect of trademark and brand protection legislation and could thus be used by anyone.

Cover image: www.ingimage.com

Publisher:
Editorial Académica Española
is a trademark of
International Book Market Service Ltd., member of OmniScriptum Publishing Group
17 Meldrum Street, Beau Bassin 71504, Mauritius
Printed at: see last page
ISBN: 978-620-0-38548-2

EL CAMBIO CLIMATICO, SUS CAUSAS, RIESGOS, IMPACTOS, ADAPTACION Y MITIGACION

AUTOR: JOSE ANTONIO MILAN PEREZ

Capítulo 1: Introducción al estudio del sistema climático

1.1. El sistema climático y sus componentes

Por lo general la palabra Clima, se asocia a el comportamiento del tiempo; lluvia, calor, nieve, etc. Pero el clima es algo más. Éste se define como todos los estados atmosféricos que predominan en una localidad o región en grandes escalas de tiempo (años, décadas, etc.), mientras que el estado del tiempo, es el comportamiento momentáneo de la atmósfera.

El clima tiene mucha importancia porque sus variables, como son la temperatura, la humedad, viento, precipitación, etc. ejercen una notable influencia sobre otros factores ambientales, tales como el tipo de suelo y la vegetación, lo que a su vez influye en el uso de la tierra. También se relaciona con el relieve, por lo que ambos afectan la forma de ocupación del espacio por el ser humano debido a que éste, siempre prefiere para su hábitat, las ventajas de un clima y una topografía favorables.

El clima influye en la actividad física del ser humano y su bienestar mental, según la influencia fisiológica que ejerce sobre éste. Pero también las acciones humanas pueden, en algunos casos, modificar el clima, como está sucediendo debido a las emisiones antropogénicas de gases efecto invernadero, causantes del calentamiento y global, que modifica el clima a escala planetaria.

Para comprender el cambio climático y su impacto a nivel global es preciso conocer el Sistema Climático y las principales interacciones que se producen entre sus componentes.

El Sistema Climático es un organismo que regula la vida en la Tierra en el que todos sus componentes (Subsistemas) están muy interrelacionados desde el surgimiento del planeta y al mismo tiempo, son muy independientes. Estas partes o subsistemas, junto a sus interacciones, son:

- La Atmósfera: Envoltura gaseosa del planeta.
- La Hidrósfera: Parte líquida de la tierra.
- La Criosfera: Parte permanente congelada.
- La Geosfera: Parte sólida del planeta.
- La Biósfera: Parte viva de la tierra que no incluye al ser humano.

Desde su formación la tierra ha estado sujeta a Forzamientos Externos que son ajenos al sistema climático, pero producen cambios o variaciones en éste, tales como: las erupciones volcánicas, las variaciones que producen los ciclos solares, los cambios que el ser humano introduce en la composición gaseosa de la atmósfera, así como los cambios en la órbita del sol, que genera cambios en la insolación debido a las modificaciones que se producen en la inclinación y la precesión de los equinoccios .

En la siguiente figura se ilustran los tipos de forzamientos y las respuestas que producen en el clima.

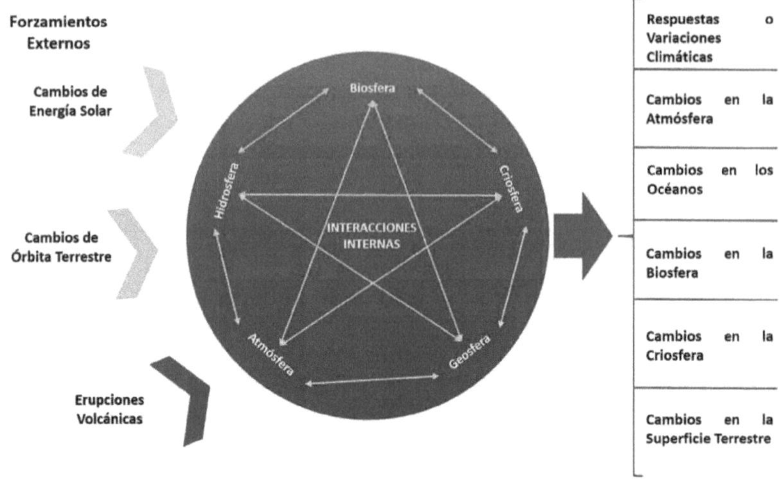

Figura 1.1. Forzamientos externos del sistema climático.

Además de los forzamientos externos, se producen importantes interacciones entre cada uno de los subsistemas anteriores que hacen del clima un sistema complejo y en constante transformación, por lo que se necesita conocer los diferentes procesos físicos, químicos, biológicos y sus interacciones para poder predecir el clima futuro. En la figura se ilustran algunas interacciones de los diferentes subsistemas que componen el Sistema Climático.

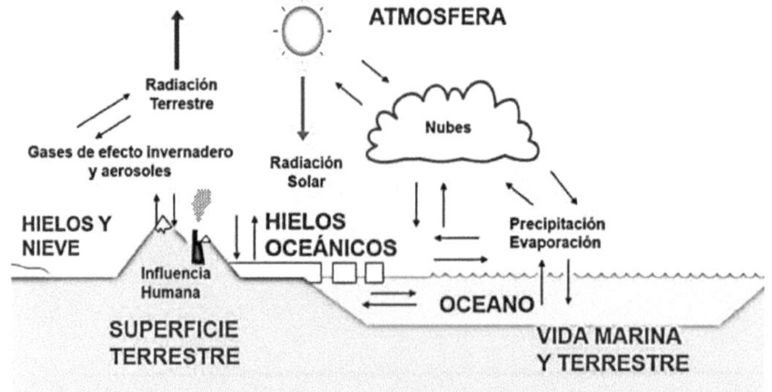

Figura 1.2. Principales componentes del sistema climático.

1.2.   La Atmósfera. Composición y estructura

La atmósfera está compuesta mayoritariamente de nitrógeno, con un 78% del total. Le sigue en importancia el oxígeno (21%), es un gas muy activo que reacciona fácilmente con otros elementos y los oxida. A través de la historia en la Tierra ha existido suficiente tiempo para que se perdiera todo el oxígeno en reacciones de oxidación; sin embargo, sus niveles se mantienen constantes porque este gas es continuamente producido por los vegetales a través de la fotosíntesis. El siguiente gas es al argón (0,93%), un gas noble e inerte, procedente de la desintegración del potasio y liberado a la atmósfera a través de los volcanes, vapor de agua en pequeñas cantidades que depende de la temperatura del aire. (Miller G.T. and Spollman S. 2009. pp.496-505)

Otros componentes del aire se presentan en cantidades muy reducidas, por lo que se miden en partes por millón (ppm). Por su importancia se destacan entre estos últimos, el dióxido de carbono (CO_2), que representa en la actualidad valores superiores a 400 ppm del aire seco.

La compresibilidad de los gases hace que éstos disminuyan el volumen al someterlos a una presión o compresión determinada, manteniendo constantes otros parámetros. Por tal razón la mayor parte de la masa atmosférica se encuentra comprimida por su propio peso cerca de la superficie. Esto explica que el 95% de los gases que rodean la tierra se encuentran por debajo de los 15 km de altura, produciendo una rápida disminución de la presión con la altitud.

La atmósfera se divide convencionalmente en capas concéntricas donde se hacen coincidir los límites entre capas con cambios de temperatura. De abajo hacia arriba, se distinguen cuatro capas:

tropósfera, estratósfera, mesósfera y termósfera (algunos autores añaden una quinta capa o exósfera).

La tropósfera es la primera capa y abarca desde la superficie terrestre hasta unos 12 km (límite conocida como tropopausa). Es la capa inferior, contiene el 75% de la masa atmosférica, la totalidad del vapor de agua, Dióxido de carbono (CO_2) y aerosoles, por ello aquí se producen la mayor parte de los fenómenos meteorológicos que originan el clima y los gases que absorben la radiación infrarroja procedente de la Tierra, conocido como Efecto Invernadero.

En la tropósfera existe un primer nivel denominado capa límite planetaria que se localiza entre los 600 y 800 m de altura, donde predomina una mezcla turbulenta del aire debido al roce permanente con la superficie rugosa. En esta capa se produce una disminución paulatina de la temperatura, desde unos 15°C en la superficie, hasta −70°C en la tropopausa, también se caracteriza por un descenso brusco de la presión, desde unos 1013 milibares (mb) en su parte baja, hasta unos 200 mb en su parte superior. (Miller G.T. and Spollman S. 2009. pp.496-505)

La estratósfera se ubica por encima de la tropósfera hasta unos 50 km de altitud. Contiene la mayor parte del Ozono atmosférico, así como la absorción de radiación ultravioleta que implica un aumento de temperatura llegando a su máximo en la estratopausa.

El ozono es una molécula triatómica de oxígeno (O_3) que es muy abundante entre los 15 y 30 km de altitud, en una región llamada ozonosfera o capa de ozono. La importancia del ozono radica en su capacidad para absorber los rayos ultravioletas procedentes del espacio exterior e impedir que lleguen a la superficie terrestre. (Miller G.T. and Spollman S. 2009. pp.496-505)

La mesósfera se caracteriza por un descenso térmico hasta -90 °C a 80 Km de altura (mesopausa).

La termósfera (ionosfera) se considera como la última capa de la atmósfera, donde la temperatura vuelve a aumentar con la altitud, alcanzando 1000°C a 800 km de altura. Este calor se debe a la absorción de radiaciones de onda corta (rayos X y rayos gamma) por parte de las moléculas de nitrógeno y oxígeno. La termosfera está formada por cuatro capas sucesivas, cuya composición química es de gases como Nitrógeno, Oxigeno, Helio e Hidrógeno. Allí el aumento de temperatura con la altura no es constante, pues está sujeta a fuertes oscilaciones diarias y estacionales debidas a los ciclos de las manchas solares. (Miller G.T. and Spollman S. 2009. pp.496-505)

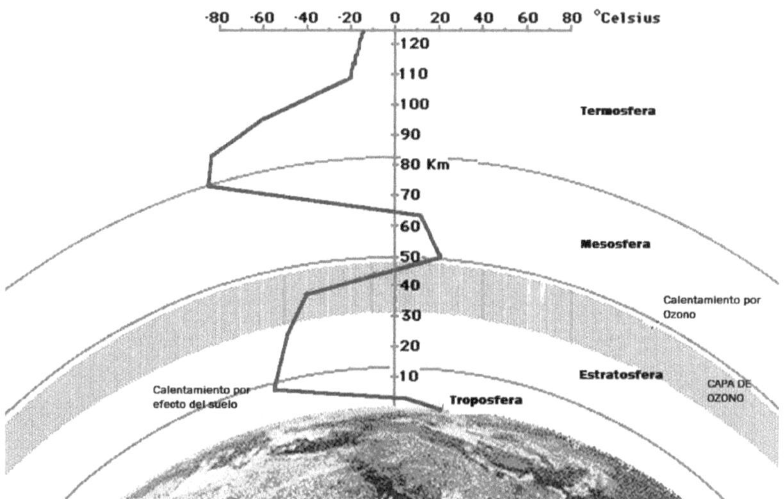

Figura 1.3. Diferentes capas de la atmósfera.

1.2.1 La capa de ozono y su relación con el clima

Desde 1970 se observó que, durante la primavera del hemisferio sur, las reacciones químicas que involucran el cloro y el bromo en forma de gases, causaban una rápida destrucción del ozono en la región polar sur, conocida como el "agujero de ozono".

Las sustancias que destruyen el ozono estratosférico son controladas por el Protocolo de Montreal y sus enmiendas, e incluyen los Clorofluorocarbonos (CFC), los hidroclorofluorocarbonos (HCFC), los halones, el bromuro de metilo (CH) Br), el tetracloruro de carbono (CCl4), el metilcloroformo (CH3), los hidrobromofluorocarbonos (HBFC) y el bromoclorometano (CH2BrCl). Mayor información sobre el Protocolo de Montreal en este enlace: http://ozone.unep.org/spanish/Ratification_status/montreal_protocol.shtml

El Informe de Evaluación de los Efectos Ambientales por el agotamiento del ozono y el cambio climático del Programa de Naciones Unidas para el Medio Ambiente, señala lo siguiente: (UNEP, Environmental Effects of Ozone Depletion 2010).

- *Existen fuertes interacciones entre el agotamiento del ozono y los cambios en el clima, debido al aumento de los gases de efecto invernadero.*
- *El agotamiento del ozono afecta el clima y el cambio climático afecta a la capa de ozono. La implementación exitosa del Protocolo de Montreal ha contribuido positivamente a reducir la severidad del cambio climático, ya que la eliminación de clorofluorocarbonos (CFC) reducen el efecto de calentamiento de la Tierra de forma efectiva y también previene el agotamiento de la capa de ozono. La cantidad de ozono estratosférico puede verse afectada por el aumento en la concentración de gases de efecto invernadero, lo cual puede conducir a la disminución de las temperaturas en la estratósfera y los patrones de circulación acelerada que tienden a disminuir el ozono total en los trópicos y aumentar el ozono total en las medias y altas latitudes.*

Se denomina radiación ultravioleta a la radiación electromagnética cuya longitud de onda está comprendida aproximadamente entre los 400 nm (4x10-7 m) y los 15 nm (1,5x10-8 m). Las formas de radiación ultravioleta que se conocen son: UV-C, UV-B y UV-A, sin embargo, la mayor parte de la radiación ultravioleta que llega a la Tierra lo hace en las formas UV-B y UV-A; principalmente en esta última, a causa de la absorción por parte de la atmósfera terrestre. Los rangos anteriores están relacionados con el daño que producen en el ser humano de la siguiente forma:

- La radiación UV-C es la más perjudicial para la vida y no llega a la tierra debido a que es absorbida por el oxígeno y el ozono de la atmósfera.
- La radiación UV-B es parcialmente absorbida por el ozono y sólo llega a la superficie de la tierra en un porcentaje mínimo, aunque puede llegar a producir daños. Los principales efectos de la radiación ultravioleta se discuten en https://www.epa.gov/ozone-layer-protection/health-and-environmental-effects-ozone-layer-depletion.

Según la Agencia de Protección Ambiental de los EE. UU. (EPA) la reducción de los niveles de ozono estratosférico conducirá a mayores niveles de radiación ultravioleta B que alcanzan la superficie de la Tierra. Diferentes estudios han demostrado que en el periodo en que se produce la reducción de la capa de ozono en el antártico, las radiaciones ultravioletas que llegan a la superficie de la tierra pueden duplicar su intensidad, respecto a periodos normales. https://www.epa.gov/ozone-layer-protection.

1.2.2. El Balance energético

La energía que llega a la Tierra en forma de ondas electromagnéticas es el principal impulsor del clima y con ello la vida en el planeta. De esta forma la radiación solar influye de la siguiente forma:

✓ Los rayos ultravioletas, los rayos x y gamma, transportan una parte de la energía que llega a la tierra y tienen acción bactericida en los tejidos vegetales e influyen en la calidad de las semillas. También la luz visible influye directamente en el crecimiento y la calidad de las cosechas.

✓ Los rayos infrarrojos que alcanzan la superficie terrestre se transforman en calor, lo que también influye en las distintas formas de vida que se distribuyen en el planeta.

El IPCC, (2007), afirma que *las temperaturas del aire en los océanos y continentes están supeditadas a procesos de calentamientos y enfriamientos desiguales producidos por la radiación solar y la radiación infrarroja saliente del planeta.* Esto explica los conocidos cambios de temperatura durante un día cualquiera y entre una estación y otra, así como la razón por la cual los trópicos son calientes y los polos son fríos. El transporte de calor por los vientos y las corrientes oceánicas también afecta la temperatura del aire

Ya se ha explicado que las cantidades de energía procedentes del sol hacia la tierra pueden variar debido a las variaciones en la órbita terrestre alrededor del Sol, lo que afecta tanto las entradas, como las salidas de energía de la Tierra. Pero también las propiedades de la superficie terrestre y de la atmósfera, son decisivas en el proceso de entradas y salidas de energía.

En tal sentido, en su Cuarto Informe de Consenso Científico, el Panel Intergubernamental de Expertos en Cambios Climático (IPCC, 2007) expresa *que se han producido cambios en varios aspectos de la atmósfera y la superficie del planeta que modifican el presupuesto de energía mundial de la Tierra y que, por lo tanto, cambian el clima. Entre estos cambios se encuentran el aumento de las concentraciones de gases de efecto invernadero que sirven principalmente para aumentar la absorción atmosférica de la radiación emitida, el aumento de los aerosoles (partículas o gotas microscópicas presentes en el aire) que actúan para reflejar o absorber la radiación solar reflejada y cambian las propiedades radiactivas de las nubes,* así como los cambios en el Albedo que modifican las propiedades de absorción y reflexión de la superficie de la tierra.

Tales cambios originan un forzamiento radiativo del sistema climático, el que indica cómo influye un factor para modificar el equilibrio de la energía entrante y saliente en el sistema atmosférico de la Tierra y representa un índice que mide la importancia como mecanismo potencial del cambio climático. (IPCC, 2007). Los causantes del forzamiento radiativo pueden variar tanto en magnitud, distribución espacial y temporal, explicando el aumento o disminución de la temperatura media superficial del planeta y con ello la variación del clima.

En la siguiente figura se ilustran las principales fuentes de entradas y salidas del balance energético de la tierra, elaborada según información suministrada por el Cuarto Informe del IPCC (2007).

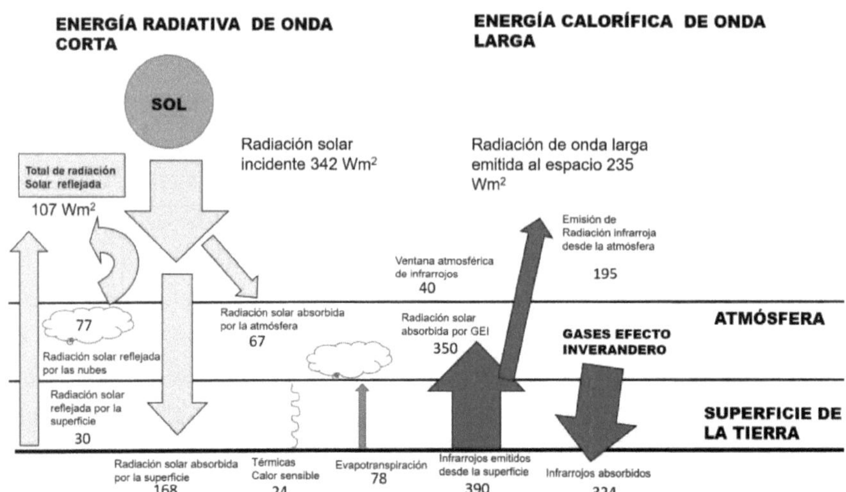

Figura 1.4. Principales entradas y salidas del balance energético de la tierra.

Es importante señalar que este balance energético continuará variando en la medida que aumenten las concentraciones de gases efecto invernadero en la atmósfera debido a la actividad humana, aumento de la concentración de aerosoles, debido a los cambios en el uso de la tierra y cambios en el albedo natural del planeta.

El Albedo: Se denomina albedo al porcentaje de la radiación incidente sobre una superficie que es reflejada de nuevo hacia el exterior. El Albedo también se conoce como Índice de Reflectancia Solar (IRS), el que cuantifica que cantidad de calor acumularía una superficie, en comparación con superficies blancas y negras estándar.

La reflectancia solar es una medida de la capacidad de un material de superficie, en reflejar la luz solar (incluyendo las longitudes de onda visibles, infrarrojas, y ultravioletas) en una escala de 0 a 1. Un valor de albedo de 0.0 indica que la superficie absorbe toda la radiación solar, y un valor de albedo de 1.0 representa que toda la superficie refleja la radiación solar, tal y como se puede apreciar en los siguientes ejemplos que muestran los valores de albedo:

- Nieve 0,80-0,95
- Suelo arenoso seco 0.25-0.45
- Cultivos anuales 0.20-0.26
- Bosques y frutales 0.16-0.19
- Suelo oscuro 0.16-0.17
- Suelo húmedo 0.15-0.20
- Agua 0,05-0,14

En la siguiente figura se muestran diferentes valores del Albedo expresados en porciento de energía absorbida y reflejada.

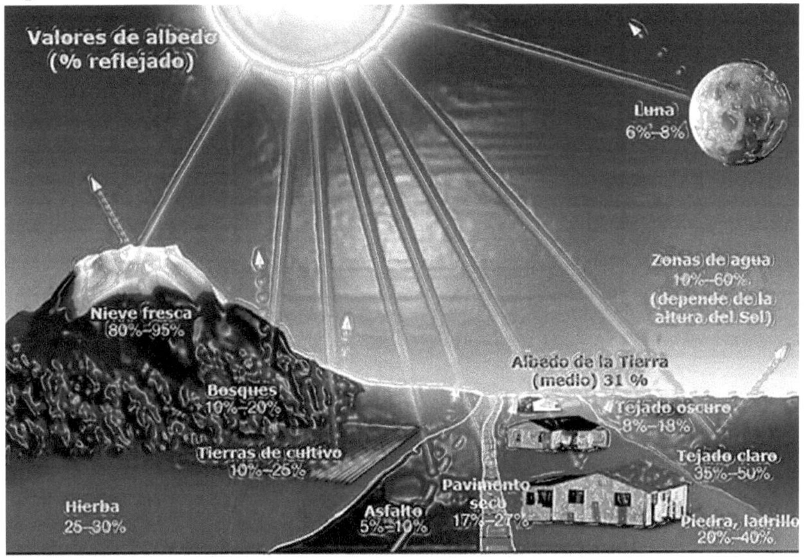

Figura 1.5. Diferentes valores del Albedo.

Se puede apreciar como la deforestación y la desaparición de la cobertura de nieve impactan severamente en la cantidad de energía solar reflejada y absorbida, contribuyendo a cambios en el balance energético de la tierra.

1.2.3. El efecto invernadero

El balance de la radiación de onda larga o infrarroja se origina de forma doble: una parte viene del Sol, pero una parte muy importante procede de la propia Tierra (de su flujo geotérmico y de radiación solar de onda media que la Tierra absorbe y reemite como radiación de onda larga, o sea, infrarroja). La radiación terrestre (infrarroja) se puede perder al espacio exterior, pero también puede acabar retenida por algunos gases en las capas bajas de la atmósfera. Es decir, hay una parte de la radiación infrarroja que queda atrapada entre la superficie terrestre que la emite hacia arriba (radiación terrestre) y las capas bajas de la atmósfera que la devuelven hacia abajo (contrarradiación).

Como resultado de la contrarradiación el calor queda retenido en las capas bajas, provocando un calentamiento conocido como efecto invernadero. Los principales gases de efecto invernadero son el vapor de agua y el dióxido de carbono, el metano el óxido nitroso y otros gases y su influencia es beneficiosa porque mantienen la temperatura de la atmósfera dentro de unos valores óptimos para la vida en la tierra.

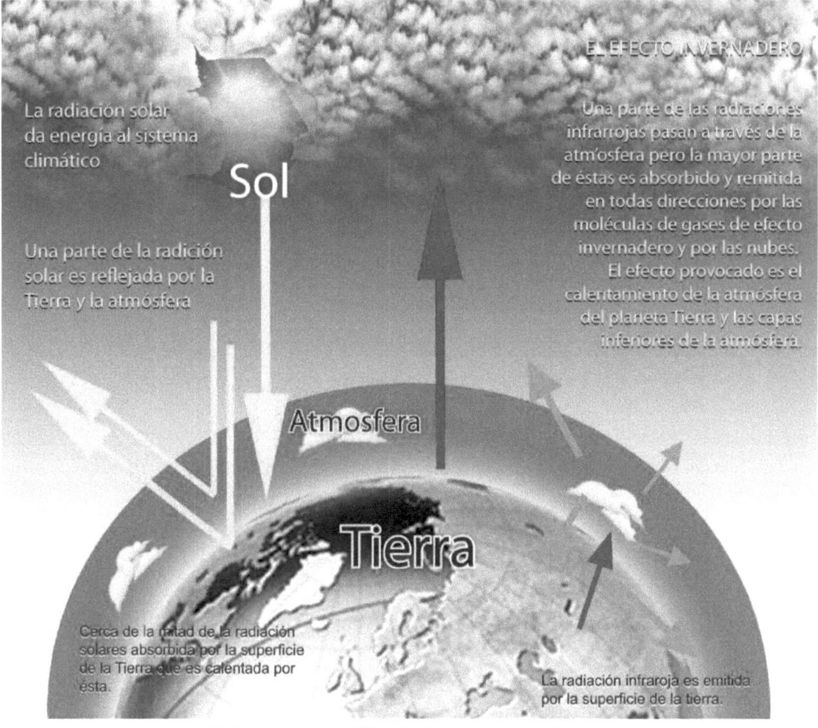

Figura 1.6. El efecto invernadero.

Pero el aumento incontrolable de estos gases en la atmósfera, debido al uso de los combustibles fósiles (que emiten dióxido de carbono) y al cambio de usos de la tierra (deforestación). La concentración de gases efecto invernadero en cantidades muy por encima de las que jamás se han conocido en los últimos 400 000 años, está reforzando el efecto invernadero provocando un incremento de la temperatura del planeta, conocido como calentamiento global, que es la causa del cambio climático.

1.2.4. Los gases efecto invernadero

Todo proceso relacionado con la emisión de cualquier sustancia a la atmósfera lleva implícito el análisis de tres aspectos que son:

15

- **La fuente**: que se refiere al punto o lugar donde un gas, o contaminante es emitido, o sea, el lugar donde entra a la atmósfera.
- **El sumidero o reservorio**: es un punto o lugar en el cual el gas es removido de la atmósfera, o por reacciones químicas o por absorción en otros componentes del sistema climático, incluyendo océanos, hielos y tierra.
- **El ciclo de vida**: es el período de tiempo promedio durante el cual una molécula contaminante se mantiene en la atmósfera. Esto se determina por las velocidades de emisión y de captación en los reservorios o sumideros.

En la siguiente tabla, se brinda información sobre los principales gases de efecto invernadero, así como de sus fuentes, reservorios y ciclos de vida.

Tabla 1.1. resumen de los principales gases efecto invernadero.

Nombre del gas	Breve descripción	Emisión natural	Emisión antropogénica	Sumidero	Tiempo de vida
Dióxido de carbono	Se libera desde el interior de la Tierra a través de fenómenos tectónicos y a través de la respiración, procesos de suelos, combustión de compuestos con carbono y la evaporación oceánica. También, el Co2 es disuelto	Respiración, descomposición de materia orgánica, incendios forestales naturales.	Quema de combustibles fósiles, cambios en el uso de los suelos (principalmente deforestación), quema de biomasa, industrias y producción de energía termo-eléctrica,	Absorción por las aguas oceánicas, y organismos marinos y terrestres, especialmente bosques y fitoplancton.	Entre 50 y 200 años.

	en los océanos y consumido en procesos fotosintéticos.		etc…		
Metano	El metano es producido principalmente a través de procesos anaeróbicos tales como los cultivos de arroz o la digestión animal. Es destruido en la baja atmósfera por reacción con radicales hidroxilos libres (-OH).	Naturalmente a través de la descomposición de materia orgánica en condiciones anaeróbicas; también en los sistemas digestivos de termitas y rumiantes.	A través de cultivos de arroz, quema de biomasa, quema de combustibles fósiles, basureros a cielo abierto, quema de biomasa y el aumento de rumiantes como fuente de carne.	Reacción con radicales hidroxilos en la troposfera y con el monóxido de carbono (CO) emitido por acción humana.	10 años
Óxido nitroso	El óxido nitroso (N2O) es producido por procesos biológicos en océanos y suelos.	Producido naturalmente en océanos y bosques lluviosos.	Procesos antropogénicos que incluyen combustión industrial, gases de escape de vehículos de combustión interna, etc.…	Es destruido fotoquímicamente en la alta atmósfera.	120 años
Ozono	En la estratosfera filtra los rayos ultravioleta dañinos para las estructuras biológicas, es también un gas invernadero	Se forma a través de reacciones fotoquímicas que involucran radiación solar, una molécula de	Puede ser generado por complejas reacciones fotoquímicas asociadas a emisiones antropogéni	Es destruido por procesos fotoquímicos que involucran a radicales hidroxilos,	Días o semanas

	que absorbe efectivamente la radiación infrarroja.	O2 y un átomo solitario de oxígeno	cas y constituye un potente contaminante atmosférico en la troposfera superficial	NOx y cloro (Cl, ClO)	
Halocarbonos	Clorofluorocarbonos: compuestos mayormente de origen antrópico, que contienen carbono y halógenos como cloro, bromo, flúor y a veces hidrógeno.	Existen fuentes naturales en las que se producen compuestos relacionados como los metilhaluros.	Los clorofluorocarbonos (CFC) comenzaron a producirse en los años 30 para la refrigeración. Posteriormente, se usaron como propulsores para aerosoles, en la fabricación de espuma, etc…	Los CFC emigran a la estratosfera donde se degradan por acción de los rayos ultravioleta, momento en el cual liberan átomos libres de cloro que destruyen el ozono.	
	Hidroclorofluorocarbonos (HCFC) e Hidrofluorocarbonos (HFC):		Compuestos de origen antrópico que están usándose como sustitutos de los CFC, sólo considerados como transicionales, pues también tienen	Estos se degradan en la troposfera por acción de foto disociación	Por la larga vida que poseen, son gases invernadero miles de veces más

			efectos de gas invernadero.		poten tes que el CO2.
Aerosole s	La variación en la cantidad de aerosoles afecta también el clima. Incluye polvo, cenizas, cristales de sal oceánica, esporas, bacterias, etc… Sus efectos sobre la turbidez atmosférica pueden variar en cortos períodos de tiempo, por ejemplo, luego de una erupción volcánica.	Las fuentes naturales se calculan que son 4 a 5 veces mayores que las antropogénic as. Tienen el potencial de influenciar fuertemente la cantidad de radiación de onda corta que llega a la superficie terrestre.			

Elaborada según IPCC (2007)

El vapor de agua es un componente natural de la atmósfera, en una proporción del 1% por volumen, aunque con variaciones significativas según el tiempo y el lugar. Por su abundancia es el gas de efecto invernadero de mayor importancia, jugando un rol vital en el balance global energético de la atmósfera.

El principal gas efecto invernadero es el Dióxido de Carbono (CO2), y obedece a un ciclo natural donde interactúa con todos los componentes del sistema climático, tal y como se muestra en la siguiente figura.

La cantidad de gases efecto invernadero que posee la atmósfera se mide a través de centros especializados que son referentes mundiales en el tema como el Observatorio Mauna Loa, situado en Hawái, donde se puede conocer y dar seguimiento a las concentraciones para diferentes espacios de tiempo de los gases efecto invernadero en la atmósfera. Para mayor información consultar:
https://www.climate.gov/teaching/resources/atmospheric-co2-mauna-loa-observatory. También se puede consultar: https://www.climatecentral.org/

Dentro de las medidas para la gestión y control de las emisiones por países, la Convención Marco de Naciones Unidas sobre el Cambio Climático (CMNUCC o UNFCCC en inglés) (https://unfccc.int/resource/docs/convkp/convsp.pdf) obliga a los países realizar e informar inventarios nacionales de gases efecto invernadero, siguiendo guías especializadas elaboradas por Panel Intergubernamental de Cambio Climático, conocido por sus siglas en Ingles (IPCC). Más información sobre el IPCC consultar: www.ipcc.ch. Más adelante se amplía información sobre los Inventarios Nacionales de Gases efecto Invernadero en la sesión 1.8.

1.2.5. Potencial de calentamiento de los gases efecto invernadero.

Cada uno de los gases de efecto invernadero anteriormente descritos contribuyen al calentamiento global en distintos grados debido a su capacidad de absorber energía, conocida como eficiencia radiativa, y el tiempo que permanecen en la atmósfera o su vida útil.

Para diferenciar la capacidad de calentamiento de los gases, se creó el Potencial de Calentamiento Global que permite comparar los impactos que aportan al calentamiento global los diferentes gases. El potencial de calentamiento es una medida de cuánta energía absorberán las emisiones de 1 tonelada de un gas en un período de tiempo determinado, en relación con las emisiones de 1 tonelada de dióxido de carbono (CO_2).

- El CO_2, tiene un potencial de calentamiento global de 1, independientemente del período de tiempo utilizado, porque es el gas que se utiliza como referencia.
- El metano (CH_4) tiene un potencial de calentamiento de 28-36 en 100 años
- El Óxido Nitroso (N_2O) tiene un potencial de calentamiento de 265-298 en una escala de tiempo de 100 años.
- Los clorofluorocarbonos (CFC), hidrofluorocarbonos (HFC), hidroclorofluorocarbonos (HCFC), perfluorocarbonos (PFC) y hexafluoruro de azufre (SF_6) a veces se denominan gases de alto potencial de calentamiento porque, para una cantidad de masa determinada, atrapan mucho más calor que el CO_2. Los potenciales de calentamiento de estos gases pueden ser de miles o decenas de miles.

Los EE.UU. utilizan el potencial de calentamiento global (GWP) basado en un período de referencia de 100 años como medida del impacto relativo de los diferentes gases. Sin embargo, la comunidad científica ha desarrollado mediciones que se utilizan para comparar un GEI con otro. Estos parámetros pueden diferir según el marco temporal, el punto climático final medido o el método de cálculo.

En ocasiones se utiliza el GWP de 20 años, como ambos métodos
se basan en la energía absorbida durante el periodo de tiempo para
el cual se calcula, el GWP de 20 años da prioridad a los gases con
una vida útil más corta, porque no considera los impactos que
ocurren 20 años después que se producen las emisiones.

Como el GWP se calcula tomando como referencia el CO2, todos
los GWP que se calculan basados en un período de tiempo más
corto que el CO2 serán mayores para los gases con vidas más
cortas.

Por ejemplo, el metano (CH4), que tiene una vida útil corta, el
GWP de 100 años es de 28-36, mucho menor que el GWP de 20
años de 84-87. Para el CF4, con una vida útil de 50.000 años, el
GWP de 100 años es de 6630-7350, mayor que el GPW de 20 años
que   es   de   4880-4950.   Fuente:
https://www.epa.gov/ghgemissions/understanding-global-warming-
potentials.

Otro procedimiento consiste en determinar el potencial de
temperatura global (GTP). El potencial de calentamiento global
(GTP) se utiliza para comparar gases. Se trata de una medida del
efecto de calentamiento de cada gas por unidad de masa durante un
periodo de 20 o 100 años, en relación con el dióxido de carbono.

Tabla 1.2. Potencial de calentamiento global (GTP)

Gas	Ciclo de vida en años	GTP 20 años	GTP 100 años
Dióxido de carbono	50 - 200	1	1
Metano	12	72	25
Óxido de nitrógeno	114	310	298
HFC	1,4 -270	437 - 12 000	124 - 14 800

PFC	2 600 - 50 000	5 210 - 8 630	7 390 - 12 200
SF6	3 200	16 300	22 800
CFC	45 - 1700	5 310 - 11 000	4 750 - 14 400
HCFC	1,3 - 17,9	273 - 5 490	77 - 2 310
Halones	16 - 65	3 680 - 8 480	1 640 - 7 140

Fuente: Fuente: IPCC 2007

Utilizando el potencial de calentamiento, se calcula el dióxido de carbono equivalente (Co2eq), que resulta de multiplicar la cantidad de cada uno de los gases efecto invernadero por el potencial de calentamiento. Por ejemplo 1 tonelada de metano equivale entre 28-36 toneladas de Co2eq.

1.2.6. Relación entre la contaminación de la atmósfera y calentamiento global.

Se denomina contaminación del aire a la presencia en la atmósfera de ciertas sustancias o formas de energía, en cantidades o cualidades que puedan causar riesgos o alteración en la salud humana, los ecosistemas, los recursos naturales o el patrimonio cultural.

Los principales gases contaminantes del aire son:
- Metano.
- Monóxido de carbono.
- Óxidos de nitrógeno.
- Compuestos volátiles orgánicos.
- Carbono negro (Hollín).
- Amoniaco.
- Carbono orgánico.
- Dióxido de azufre.

Según las características físicas y químicas de los contaminantes, así será su influencia en el clima, contribuyendo al calentamiento o enfriamiento. En la siguiente figura se muestran los gases que contribuyen al calentamiento y al enfriamiento.

Figura 1.7. Principales gases contaminantes atmosféricos que influyen en el calentamiento o enfriamiento de la atmosfera.

1.3. Los océanos y el clima

Las corrientes globales de las superficies de los océanos, al ser impulsadas por el viento, contribuyen a la transferencia de calor, impulsando las aguas cálidas hacia los polos y viceversa.

También la evaporación de las aguas en la superficie de los océanos almacena calor, que es liberado mediante la condensación, formando nubes y precipitaciones. Ambos fenómenos explican los importantes vínculos entre los océanos y el clima.

Los océanos suelen dividirse verticalmente en dos capas: la capa inferior, que concentra las aguas frías y profundas, donde se encuentra el 80% del volumen oceánico y la capa superior que está en contacto con la atmósfera. Esta capa produce un volumen de mezclado que se extiende hasta los 100 metros de profundidad en los trópicos, pero puede llegar a varios kilómetros en las aguas polares y tiene una capacidad de almacenar energía 30 veces más que la atmósfera. Lo que explica que un cambio del contenido de calor en el océano, traerá consigo un cambio por lo menos 30 veces mayor en la atmósfera. Por tal razón, cualquier cambio, por pequeño que sea, en el contenido energético de los océanos, puede tener un efecto considerable sobre el clima y la temperatura global. IPCC (2007).

La sal contenida en las aguas marinas se mantiene disuelta cuando se forma el hielo en los polos, aumentando la salinidad del océano. Estas aguas frías y salinas son densas y se hunden, transportando en ellas una importante cantidad de energía. Para mantener el equilibrio en el flujo de masas de agua, existe una circulación global termo-salina, que juega un rol muy importante en la regulación del clima global y en el nivel del mar. (Miller G.T. and Spollman S. (2009)

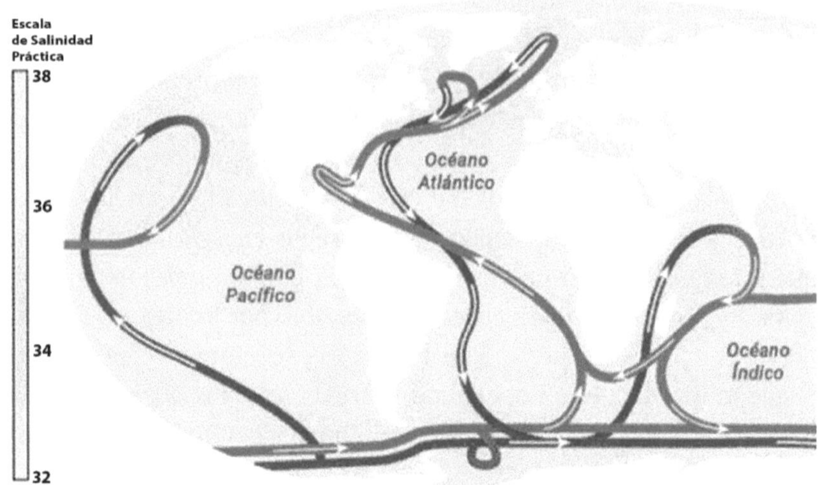

Figura 1.8. Esquema de la circulación termosalina. Fuente IPCC (2007).

El IPCC (2007) afirma que *la circulación termo-salina es la circulación a gran escala de los océanos, determinada por la densidad del agua y causada por diferencias de temperatura y salinidad. En el Atlántico Norte, la circulación termo-salina es una corriente superficial de agua cálida que fluye hacia el norte y una corriente profunda de agua fría que fluye hacia el sur, que sumadas dan como resultado un transporte neto de calor hacia los polos.*

Precisamente las aguas frías profundas actúan como un refrigerador de las aguas calientes superficiales, convirtiendo el exceso de CO2 disuelto en las aguas superficiales, en acido carbónico, que contribuye a la acidificación de los océanos.

El IPCC (2019) ha confirmado que, desde la década de los años 80, el océano ha absorbido entre el 20% y el 30% del total de las emisiones antropogénicas de CO2 y como consecuencia se ha producido una mayor acidificación del océano, aumentando el pH de la superficie en un rango muy probable de 0,017-0,027 unidades de pH por década desde finales del decenio de 1980.

Una contribución precisa sobre el calentamiento de los océanos está referenciada por el IPCC (2019) en su Informe Especial de los Océanos y la Atmósfera en un Clima Cambiante, cuando expresa *es prácticamente seguro que el océano global se ha calentado sin cesar desde 1970 y ha absorbido más del 90% del exceso de calor en el sistema climático.*

Es comprensible que la vida marina depende de la situación bio-geoquímica del océano y si las condiciones de temperatura y acidez están variando, se producirán importantes cambios en la física y química de las aguas oceánicas. Ello traerá impactos en los organismos más sensibles a estos cambios, introduciendo cambios en su distribución y abundancia de las especies marinas.

En la medida que se calienta el planeta, las observaciones evidencian que el calor capturado por los océanos está produciendo un cambio importante en el balance de energía anteriormente descrito. Esta cantidad de energía incorporada por las capas superiores del océano desempeña una función clave en las variaciones climáticas, en períodos desde estacionales hasta interanuales, así como en la formación de tormentas tropicales y huracanes.

1.3.1. La elevación del nivel del mar.

Los cambios de nivel en el mar pueden estar asociados a eventos geofísicos y climáticos. Desde el punto de vista geofísico influyen la subsidencia o el ascenso de la tierra, así como los ajustes isostáticos que producen los glaciales, mientras que desde el punto de vista climático influyen las variaciones de temperaturas del océano, causando expansiones o contracciones en las masas de agua, cambios en el volumen de los glaciares y mantos de hielo y los desplazamientos de las corrientes oceánicas.

También se producen elevaciones temporales del nivel del mar durante ciertas fases de El Niño y la Niña (fenómeno ENSO).

En la medida que la observación del nivel de los océanos ha mejorado mediante el uso de satélites, que iniciaron con la misión Topex/Poseidón de NASA/CNES y luego los satélites Jason-1 y 2 del Jet Propulsion Laboratory de California, hoy se cuenta con datos robustos que permiten discernir el aporte del calentamiento global a la elevación del nivel del mar. Mayor información en https://www.eumetsat.int/jason_es/navmenu.php_tab_1_page_1.4.0 .htm

En base a lo anterior, el IPCC (2019) p.10 ha afirmado *que el nivel medio del mar mundial está aumentando, con una aceleración en las últimas, décadas debido a las crecientes tasas de pérdida de hielo de las capas de hielo de Groenlandia y la Antártida, así como la continua pérdida de masa de los glaciares y la expansión térmica de los océanos. El aumento de los vientos y las precipitaciones de los ciclones tropicales y el aumento de las olas extremas, combinados con la subida relativa del nivel del mar, agravan los fenómenos extremos del nivel del mar y los peligros costeros.*

La elevación del nivel mar generará importantes impactos que se describen con más detalles en próximos capítulos.

Los fenómenos que relacionan el clima y los océanos, descritos con anterioridad muestran las importantes interacciones del subsistema océano con el clima global, resaltando la magnitud de los impactos que resultan del cambio climático antropogénico

1.4. La criosfera y el clima.

La criosfera está formada por las regiones cubiertas de nieve o hielo, ya sean en la tierra o en el mar. Está incluida en la criosfera, la Antártida, el Océano Ártico, Groenlandia, el norte de Canadá, el norte de Siberia y la mayor parte de las cimas más altas de las cadenas montañosas.

Los mantos de hielo son masas de agua congelada gruesas y extensas, formadas principalmente por la consolidación de la nieve. Estos mantos se extienden bajo los océanos polares por su propio peso y transfieren masas hasta sus márgenes, donde se pierden principalmente por la escorrentía del agua que se fusiona en la superficie o por el fraccionamiento de los témpanos ("icebergs") hacia las márgenes de mares o lagos.

La criosfera almacena aproximadamente el 75% del agua dulce del planeta, por tal razón las variaciones en las cubiertas de nieve de las montañas y glaciares, desempeñan una función importante en la disponibilidad de agua dulce, porque cuando estos reservorios se derriten, se convierten en la principal fuente de abastecimiento de agua en ciertas regiones próximas a estas reservas. Por tanto, el hielo es un componente del sistema climático sujeto a cambios abruptos, después de un calentamiento considerable. (GCCIP, 1997)

En los últimos decenios, según el IPCC (2019) pag. 6, *el calentamiento global ha provocado una reducción generalizada de la criosfera, con pérdida de masa en las capas de hielo y glaciares, reducciones de la cubierta, extensión, espesor de nieve y la extensión y el espesor del hielo marino del Ártico y un aumento de la temperatura del permafrost.*

El permafrost es suelo que ha estado bajo el punto de congelación del agua durante uno o más años. Se encuentra en latitudes elevadas como en el Ártico y en la Antártida, así como en alturas elevadas de montañas, o cualquier lugar en donde el clima sea frío.

Encierran alrededor de 1,7 billones de toneladas de carbono, es decir, cerca del doble del dióxido de carbono (CO_2) presente en la atmósfera.

Ante la pérdida de grosor que está sufriendo el permafrost debido al calentamiento global, existe una preocupación de la comunidad científica, que una parte significativa del CO_2 y el metano acumulado debajo del permafrost se libere hacía la atmósfera, acelerando aún más el calentamiento global y con ello el cambio climático.

Según Cambio Climático (2013), si una porción considerable de este carbono se liberara como metano (CH4) y CO2, las concentraciones atmosféricas de estos gases aumentarían, lo que daría lugar a temperaturas más elevadas. Esto, a su vez, provocaría más liberación de metano y CO2, creándose así una retroalimentación [1] positiva, que ocasionaría una intensificación del calentamiento global.

También la pérdida de agua dulce contenida en la nieve afecta a comunidades que tienen como fuente de abastecimiento ese recurso.

---

[1] La **retroalimentación** es un **mecanismo de control de sistemas** en el cual los resultados obtenidos de un proceso son reintroducidos en el sistema con la finalidad de incidir o actuar sobre las decisiones o acciones futuras, bien sea para mantener el equilibrio en el sistema, bien para conducir el sistema hacia uno nuevo. Cuando se dice que es positiva significa una amplificación o potenciar amplificar ciertos cambios o desviaciones introducidos en un sistema, para que este pueda evolucionar o crecer hacia un nuevo estado de equilibrio, diferente del anterior.

Figura 1.9. La foto muestra la delgada capa de nieve sobre una parte de los glaciares bolivianos. Foto del autor año 2013.

1.5.   La Geósfera y el clima.

Otro componente que interactúa con el clima global está integrado por los suelos, sedimentos y rocas que forman las masas de tierras, corteza continental y oceánica, así como el interior de la Tierra, cuya interacción varía según diferentes escalas temporales.

Los cambios en la forma de las cuencas oceánicas y el tamaño de las cadenas montañosas continentales, influyen en las transferencias energéticas del sistema climático. (GCCIP, 1997)

En escalas de tiempo menores, ciertos procesos químicos y físicos afectan algunas características de los suelos, tales como:

- la disponibilidad de humedad.
- la escorrentía.
- los flujos de gases de efecto invernadero.
- los aerosoles hacia la atmósfera y los océanos.

El vulcanismo, aunque es impulsado por el lento movimiento de las placas tectónicas, ocurre regularmente en escalas de tiempo menores. Las erupciones volcánicas agregan dióxido de carbono a la atmósfera y emiten, además, grandes cantidades de polvo y aerosoles. (GCCIP, 1997)

Pero también, las erupciones volcánicas explosivas aumentan en gran medida la concentración de aerosoles de azufre en la estratósfera causando enfriamiento. Una simple erupción puede enfriar el clima medio mundial durante varios años. Este es un ejemplo de cómo los aerosoles volcánicos afectan el balance de energía radiativa, tanto en la estratósfera, como en la superficie.

Los suelos, como capa superficial de la geósfera tienen mucha importancia para la humanidad, porque realizan servicios ambientales tales como: depurador de las aguas que sostienen la vida de los ecosistemas terrestres, proveen más del 90% de los alimentos, las fibras, combustibles, materiales, medicamentos y albergan más del 30% de la biodiversidad.

Según la cobertura de los suelos, actúan como reservorios de carbono. De esta forma, los suelos de los bosques tropicales almacenan importantes cantidades de carbono como parte del ciclo de este gas, sin embargo, cuando se deforestan los bosques y los suelos son utilizados en cultivos anuales, entonces el recurso suelo se convierte en emisor de CO2.

1.6. La biósfera y el clima.

La participación de la biósfera en el clima global es también muy importante, porque esta afecta el Albedo de la Tierra, tanto en la parte terrestre, como en los océanos, lo que tiene implicaciones en el balance energético del clima.

Los bosques continentales tienen bajo albedo comparado con otras regiones que no tienen vegetación, como es el caso de los desiertos. El albedo de un bosque deciduo es de aproximadamente 0.15 a 0.18, mientras que un bosque de coníferas tiene un albedo entre 0.09 y 0.15 y el bosque tropical lluvioso refleja menos aún, pues tiene un albedo entre 0.07 y 0.15. (GCCIP, 1997)

La biósfera juega un papel muy importante en la regulación de los flujos de ciertos gases de efecto invernadero, tales como el dióxido de carbono y el metano. De igual manera, el plancton de las superficies oceánicas utiliza el dióxido de carbono disuelto para la fotosíntesis, realizando una fijación natural de CO_2. Esta productividad primaria reduce la concentración atmosférica del dióxido de carbono y debilita significativamente el efecto invernadero de forma natural. (Miller G.T. and Spollman S. (2009)

Por ejemplo, se estima que hasta el 80% del oxígeno producido por la fotosíntesis es resultado de la acción de las algas oceánicas, especialmente en las áreas costeras. Por ello, la contaminación acuática y la sedimentación en las costas podrían ser muy dañinas en la producción de oxígeno y en la absorción de dióxido de carbono.

La biósfera también influye en la cantidad de aerosoles en la atmósfera, ya que billones de esporas, virus, bacterias, polen y otras especies orgánicas diminutas son transportadas por los vientos y afectan la radiación solar incidente, influenciando el balance energético global.

Adicionalmente, la productividad primaria oceánica produce compuestos conocidos como dimetilsulfitos, que en la atmósfera se oxidan para formar sulfatos en aerosoles que sirven como núcleos de condensación para el vapor de agua, ayudando así a la formación de nubes. Las nubes, a su vez, tienen un complejo efecto sobre el balance energético climático; por lo que cualquier cambio en la productividad primaria de los océanos puede afectar indirectamente el clima global. (GCCIP, 1997).

La absorción y almacenamiento del carbono en la biósfera terrestre resulta de la diferencia entre la absorción debida al crecimiento de la vegetación, los cambios en la reforestación y en el secuestro de carbono, así como las emisiones debidas a la respiración heterotrófica, las cosechas y los suelos. El aumento o la disminución de la frecuencia de incendios en diferentes regiones afecta la captación neta del carbono lo que explica el impacto negativo de los incendios forestales en el clima. (IPCC, 2007)

Los cambios en el uso de la tierra (deforestación) producida por la actividad antropogénica, incrementan las emisiones de gases efecto invernadero y disminuyen los reservorios naturales de los mencionados gases.

Existen muchos otros procesos de la biósfera que están acoplados al sistema climático global a través del ciclo hidrológico.

En la siguiente figura se muestran los componentes del sistema climático global y sus principales interacciones.

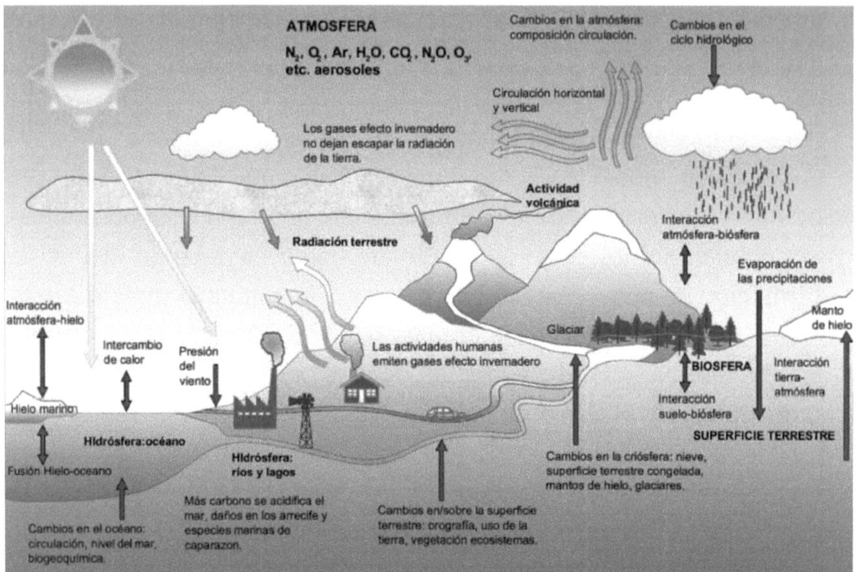

Figura 1.10. Componentes del sistema climático global y sus principales interacciones.

1.7. El ciclo de carbono: Emisión, Captura y Almacenamiento.

Los vínculos entre la atmósfera, los océanos, la criosfera, la geósfera y la biósfera que han sido mencionados anteriormente, no solamente deben valorarse en términos de energía, ya que estos componentes son un medio de intercambio o circulación de carbono, a través de un ciclo biogeoquímico, cuyo conocimiento permite entender la intervención humana en el clima y sus efectos.

En su expresión más general se considera que el ciclo del carbono
tiene cuatro reservorios principales que están interconectados por
rutas de intercambio. Estos son:

- La atmósfera.
- La biósfera terrestre (donde se incluyen los sistemas de
  agua dulce y material orgánico no vivo, como el carbono
  del suelo).
- Los océanos (que incluyen el carbono inorgánico disuelto,
  los organismos marítimos y la materia no viva).
- Los sedimentos (que incluyen los combustibles fósiles).

Los movimientos anuales de carbono entre reservorios ocurren
debido a varios procesos químicos, físicos, geológicos y biológicos.
De esta forma el balance global de carbono en la Tierra se
manifiesta a través de un equilibrio entre los intercambios (las
pérdidas y los ingresos) entre los reservorios o las rutas que
conectan a uno con otro.

En los dos últimos siglos, las actividades humanas han alterado
gravemente el ciclo del carbono, de manera más significativa en la
atmósfera. A pesar de que los niveles de dióxido de carbono han
cambiado naturalmente durante varios miles de años, las emisiones
humanas del dióxido de carbono a la atmósfera superan las
fluctuaciones naturales.

La NASA ha informado que las concentraciones de dióxido de
carbono vienen creciendo por encima de niveles nunca vistos en
centenares de miles de años; actualmente, cerca de la mitad del
dióxido de carbono liberado procede de la quema de combustibles
del fósil.

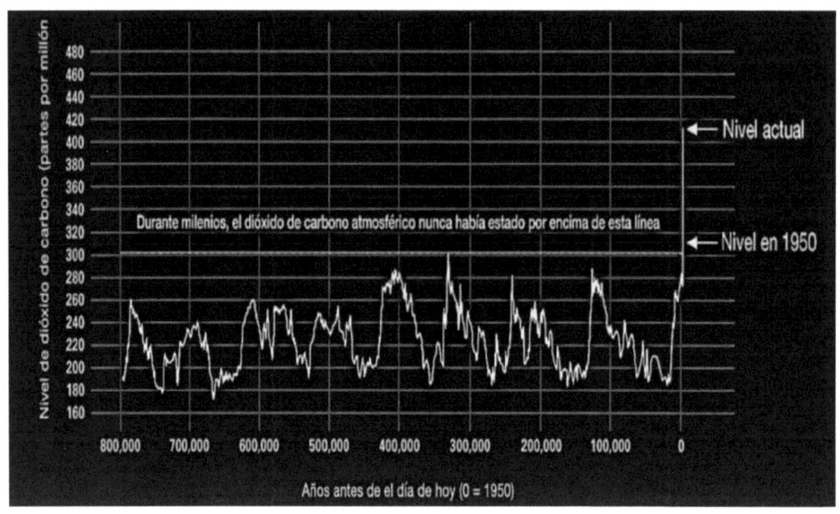

Figura 1.11. La figura de la NASA que muestra el comportamiento de las emisiones de CO2 en los últimos 800 000 años basada en la comparación de muestras atmosféricas de núcleos de hielo y mediciones directas más recientes, proporciona evidencia de que el CO2 atmosférico ha aumentado desde la Revolución Industrial.
Tomada de: **https://climate.nasa.gov/evidencia/**

Como las emisiones de CO2 aumentan constantemente, sólo es posible reproducir el ciclo de carbono para un momento dado, ya que las actividades humanas transfieren más CO2 a la atmósfera, del que es posible remover naturalmente, a través de la sedimentación del carbono, causando así un aumento de las concentraciones atmosféricas y oceánicas de CO2 en un corto periodo de tiempo.

Una parte del CO2 se transfiere desde la atmósfera hacia los océanos como una forma de buscar el equilibrio del ciclo, los océanos pueden aumentar la tasa de difusión (absorción oceánica), lo que está contribuyendo a la acidificación de los océanos.

Otro aspecto relacionado con el análisis del ciclo global del carbono es el elevado potencial de algunos bosques para capturar el carbono atmosférico, a través de la cubierta vegetal y en la materia orgánica del suelo, lo que aumenta la importancia de la conservación de ecosistemas con grandes cantidades de biomasa y suelos estables, con el objetivo de que ciertos bosques contribuyan como importantes sumideros de carbono y no se conviertan en fuentes de emisión debido a la deforestación. A este tipo de captura se le denominará captura vegetal, para diferenciarla de otros tipos de capturas mediante el uso de tecnologías a las que se le denominará captura antropogénica.

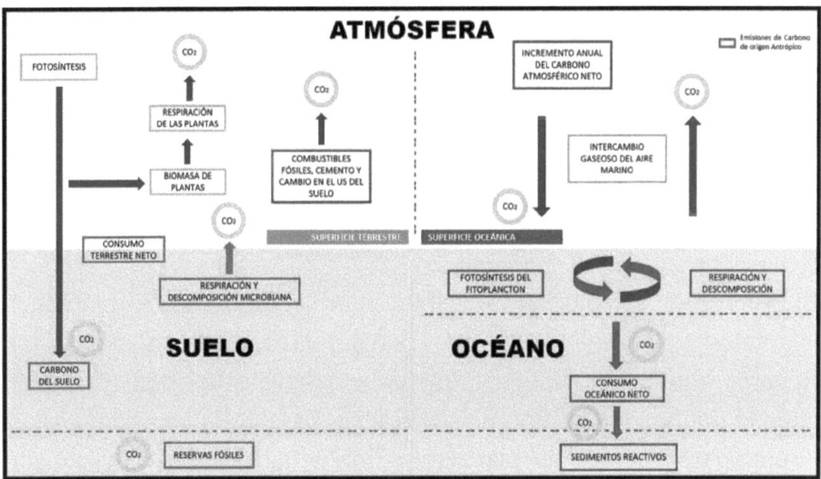

Figura 1.12. La figura muestra los principales componentes del ciclo de carbono anteriormente mencionados.

1.7.1. Captura vegetal de CO2

Durante el proceso de respiración vegetal de los organismos fotosintéticos (plantas, algas, etc.), el CO2 se fija o se convierte en biomasa a través de la fotosíntesis, sin embargo, debe hacerse una especificidad y es que toda materia orgánica, ya sea de origen vegetal o animal, se le denomina biomasa, por tal razón se le denomina fitomasa a toda la materia orgánica que proviene de los procesos fotosintéticos, la cual comprende cinco tipos de reservorios de carbono, que son:

- La fitomasa aérea, comprende troncos, ramas, hojas y sotobosque.
- La fitomasa subterránea, comprende las raíces.
- La fitomasa del manto, comprende la hojarasca.
- La fitomasa de la materia orgánica muerta, también conocida como necromasa compuesta por los árboles muertos, ya sea en pie o caídos.
- La fitomasa contenida en el suelo orgánico.

El proceso de cálculo del CO2 fijado por las diferentes formaciones vegetales es complejo, ya que es necesario tener en cuenta los factores climáticos (lluvia, humedad relativa, evapotranspiración), la edad del bosque, el tipo de suelo y sus características edáficas, la altura sobre el nivel del mar, la medida de la biomasa, el factor de crecimiento y otros.

1.7.2. Captura mediante geoingeniería

La geoingeniería, incluye el conjunto de métodos y tecnologías que tienen por objeto alterar de forma intencional el sistema climático a fin de mitigar los impactos de éste.

Los métodos de geoingeniería más conocidos se clasifican:

- **Gestión de la radiación solar**: Tiene como objetivo compensar el calentamiento provocado por los gases de efecto invernadero antropógenos, mediante soluciones que aumenten la reflectividad del planeta.
- **Remoción de dióxido de carbono**, que se basa en reducir la concentración de CO2 atmosférico.

Es importante anticipar que por el bajo el nivel de conocimiento científico de estos métodos pueden acarrear riesgos e impactos colaterales, cuyas consecuencias no se pueden anticipar.

Métodos de gestión de la radiación solar: Los métodos de geoingeniería cuyos objetivos se orientan a gestionar los flujos de energía entrantes y salientes de la Tierra se basan en reducir la luz solar que llega a la Tierra o bien aumentar la reflectancia del planeta, buscando incrementar las superficies brillantes de la atmósfera.

Sin embargo, la gestión de la radiación solar cambia las tasas de calentamiento diurnas, pero un aumento de los gases de efecto invernadero, modifica las temperaturas tanto diurnas, como nocturnas.

Métodos de remoción de dióxido de carbono: Estos métodos buscan extraer CO2 de la atmósfera y almacenarlos en reservorios terrestres, oceánicos o geológicos, basados en procesos biológicos, como la forestación/reforestación a gran escala, el secuestro de carbono en suelos con carbón biológico, la bioenergía con captación y almacenamiento de carbono y la fertilización del océano.

Algunas de estas propuestas pueden tener limitaciones tales como el incremento de N2O, si se llegara incrementar la productividad vegetal o alterar el Albedo de la tierra y de igual forma la fertilización biológica en los océanos puede implicar efectos negativos en los ecosistemas oceánicos, generando otros tipos de gases efecto invernadero.

1.8. Inventarios de Gases Efectos Invernadero

En la sección 1.2.4. se abordó el compromiso de los países firmantes de la Convención Marco de Naciones Unidas sobre el Cambio Climático, reflejados en el documento de constitución de la convención que todas las partes, teniendo en cuenta sus responsabilidades comunes pero diferenciadas y el carácter específico de sus prioridades nacionales y regionales de desarrollo, de sus objetivos y de sus circunstancias, deberán: *a) Elaborar, actualizar periódicamente, publicar y facilitar a la Conferencia de las Partes, de conformidad con el artículo 12, inventarios nacionales de las emisiones antropógenas por las fuentes y de la absorción por los sumideros de todos los gases de efecto invernadero no controlados por el Protocolo de Montreal, utilizando metodologías comparables que habrán de ser acordadas por la Conferencia de las Partes.*

El inventario de gases efecto invernadero, es la cuantificación (real o estimada) de las emisiones y absorciones de gases de efecto invernadero de origen antropogénico, que se producen dentro del territorio nacional y en otras áreas extraterritoriales sobre las cuales el país tiene jurisdicción, se realiza para el año calendario durante el cual se producen las emisiones y/o absorciones a la atmósfera.

Los principales gases contemplados en los inventarios se muestran en la siguiente ilustración.

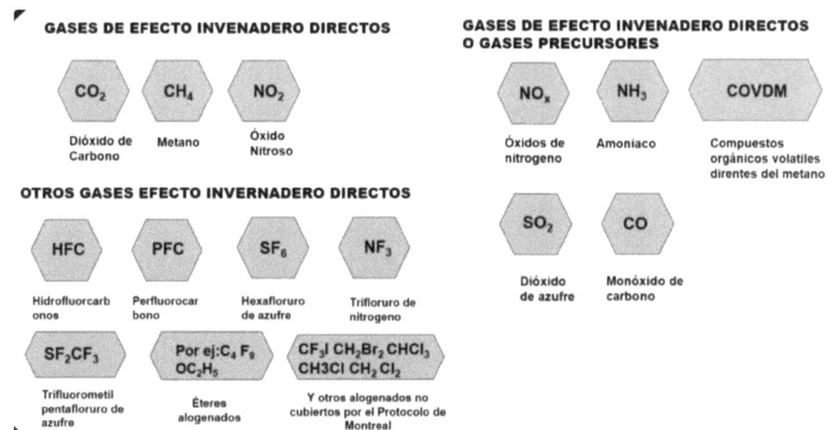

Figura 1.13. Gases contemplados en los inventarios nacionales de gases efecto invernadero. Elaborado sobre información de IPCC (2006).

Los documentos metodológicos que rigen para los inventarios nacionales de los países son los siguientes:

- Las Guías Revisadas del IPCC de 1996 -IPCC-OECD-IEA, 1997- (IPCC 1996 GL).

- Las Guías del IPCC en Buenas Prácticas y Gestión de Incertidumbres -IPCC, 2000- (IPCC-GPG 2000).

- Las Guías en Buenas Prácticas para Uso de la Tierra, Cambio de Uso de la Tierra y Silvicultura IPCC, 2003- (IPCC-GPG-LULUCF).

- Las Directrices del IPCC de 2006 para los Inventarios Nacionales de Gases de Invernadero -IPCC, 2006- (IPCC 2006 GL).

- Actualmente se encuentran en fase de aprobación Las Guías Refinadas del 2006, elaboradas en el 2019.

Sectores y categorías: Para estimar las emisiones y absorciones de gases de efecto invernadero en los inventarios nacionales se dividen en sectores principales, que son grupos de procesos, fuentes y sumideros relacionados, tales como:

- Energía.
- Procesos industriales y uso de productos.
- Agricultura, silvicultura y otros usos de la tierra.
- Desechos.
- Otros (p. ej., emisiones indirectas de la deposición de nitrógeno proveniente de fuentes no agrícolas).

Cada sector comprende categorías individuales, por ejemplo: Transporte dentro del sector Energía y subcategorías, por ejemplo: Automóviles, dentro de la categoría Transporte, dentro del sector Energía.

Se calcula el total nacional sumando las emisiones y absorciones correspondientes a cada gas. Constituyen una excepción las emisiones derivadas del uso del combustible en barcos y aeronaves dedicadas al transporte internacional que no se incluyen en los totales nacionales, pero que se declaran por separado. (IPCC, 2006).

El inventario debe ser preparado aplicando las buenas prácticas, presentadas en la GPG 2000 del IPCC, por lo tanto, se debe realizar una recopilación de los datos (de actividad y factores de emisión) de forma exhaustiva, trasparente, coherente, precisa y exacta, lo que significa que los resultados obtenidos no deben contener estimaciones excesivas ni insuficientes, en la medida de lo posible, y donde las incertidumbres sean reducidas al máximo que sea posible, además deben permitir la comparación con los inventarios de otros países.

La elaboración del inventario lleva implícito el desarrollo de un grupo de tareas que siguen una secuencia de actividades ilustradas en el siguiente esquema.

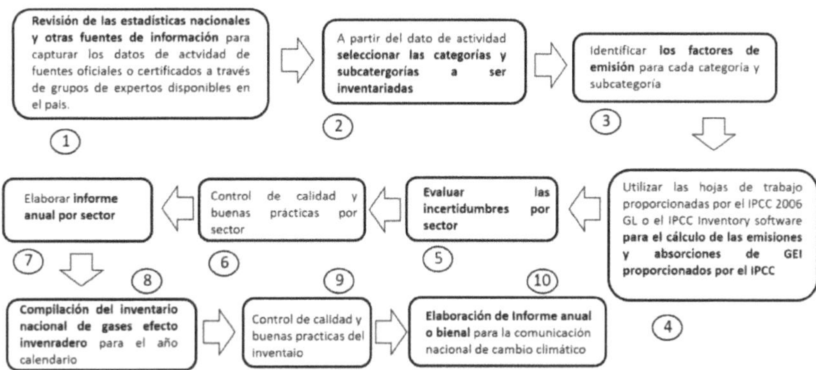

Figura 1.14. Etapas metodológicas para elaborar los inventarios nacionales de gases efecto invernadero. Elaborado sobre información de IPCC (2006).

Los inventarios nacionales contienen un conjunto de tareas complejas que involucran grupos de trabajo multidisciplinarios y la participación de instituciones de gobiernos, así como especialistas de la Sociedad Civil y la Academia.

Capítulo 2: El Clima. Observaciones y Predicciones del cambio climático.

2.1 Elementos generales sobre el clima y el cambio climático.

El clima se define como el estado medio de la atmósfera durante de un período de tiempo suficientemente largo. Por término medio se considera que este período es de unos 30 años.

El mayor problema de la definición de clima es ¿qué se entiende por estado normal? Tradicionalmente se han considerado los valores medios de las principales variables que definen el estado de la atmósfera (presión, temperatura, humedad atmosférica, precipitación, etc.).

También será importante conocer la variabilidad, o sea, la oscilación que ciertas magnitudes pueden tener respecto a sus valores medios. Dentro del estudio de estas oscilaciones respecto a los valores medios, resulta de particular importancia, conocer la probabilidad de que aparezcan períodos caracterizados por una sucesión de valores elevados o reducidos de una variable.

Luego, el concepto de clima lleva implícito las características a largo plazo de las variables que definen el tiempo en una localidad, mediante la descripción estadística en términos de valores medios y de variabilidad de los parámetros de interés durante un período que puede abarcar desde algunos meses hasta miles o millones de años; por tal razón, su estudio tiene un alto componente estadístico porque la mayoría de sus variables se miden y se pronostican a partir de series.

Por eso, el valor medio y la desviación son los principales parámetros estadísticos que se utilizan para reflejar el comportamiento de cualquier variable, asociándose siempre a la frecuencia de ocurrencia de ciertos valores. El valor medio siempre expresa un 50% de probabilidad de ocurrencia. (WMO, 2009)

Las siguientes figuras muestran la diferencia del comportamiento de las variables en condiciones normal, variabilidad y cambio climático.

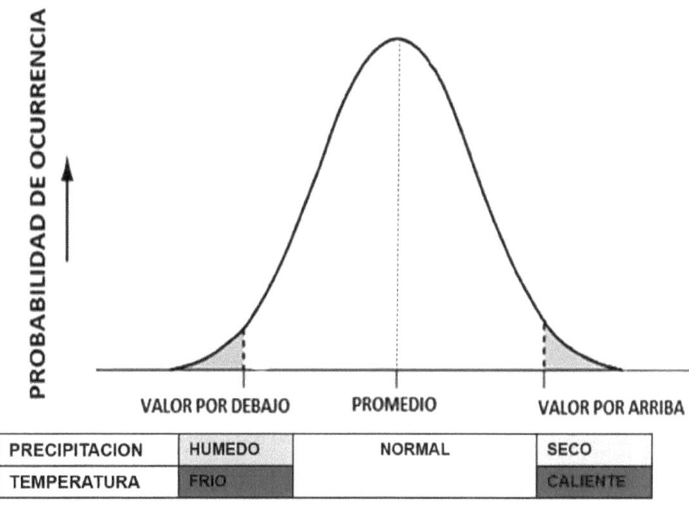

Figura 2.1a. Comportamiento normal de una variable climática.

En la figura 2.1a. se puede apreciar el comportamiento normal de la precipitación y la temperatura. Cuando ocurre un día muy caliente que supera el valor promedio se dice que es una Anomalía, de igual forma con la precipitación.

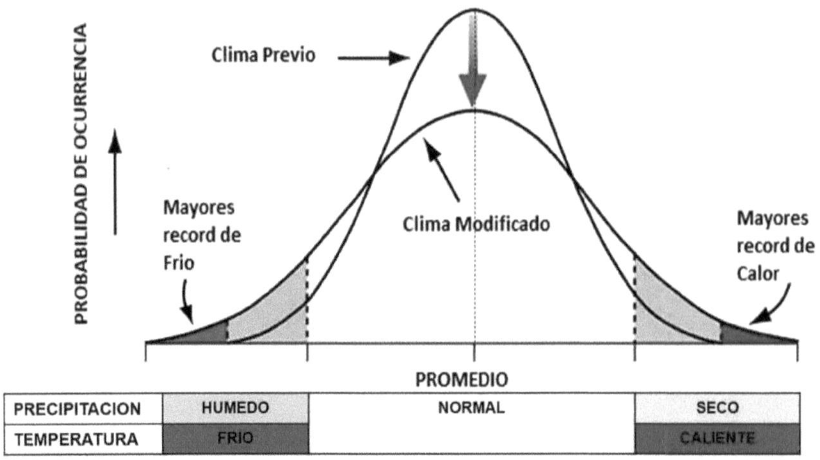

Figura 2.1.b Comportamiento de una variable bajo la variabilidad climática.

En la figura 2.1.b se puede apreciar la variabilidad climática, que ocurre cuando existen años donde los valores promedios están por debajo de los valores normales y ocurren mayores eventos de sequía o exceso de precipitación o exceso de calor o mucho frio. La variabilidad climática es una medida del rango en que las variables climáticas varían de un año a otro y suele ser mayor a nivel regional o local que a nivel hemisférico o global. En los países tropicales la variabilidad climática suele ser muy alta.

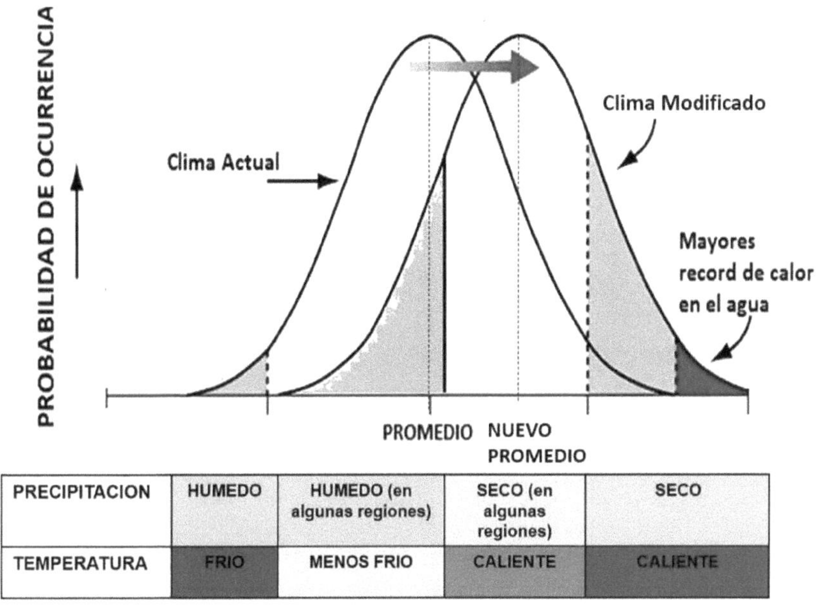

PRECIPITACION	HUMEDO	HUMEDO (en algunas regiones)	SECO (en algunas regiones)	SECO
TEMPERATURA	FRIO	MENOS FRIO	CALIENTE	CALIENTE

Figura 2.1c. Comportamiento de las variables bajo cambio climático.

En la figura 2.1.c se puede apreciar el cambio climático, que es el desplazamiento del clima normal a una condición más caliente y en algunos países la precipitación puede disminuir (sequías) y en otros puede aumentar, influenciado por la variabilidad climática.

De acuerdo con la Convención Marco de las Naciones Unidas sobre Cambio Climático (CMNUCC), se define como un cambio del clima atribuido directa o indirectamente a la actividad humana que altera la composición de la atmósfera mundial y que se suma a la variabilidad natural del clima observada durante períodos de tiempo comparables.

Por su parte, el Panel Intergubernamental de Expertos sobre Cambio Climático (IPCC) lo define como cualquier cambio en el clima con el tiempo debido a la variabilidad natural o como resultado de actividades humanas.

En la medida que son percibidos los cambios en el clima normal de una región o localidad, se suelen utilizar de forma frecuente los términos anomalía y evento extremo.

La Anomalía puede tener dos definiciones:
1) Desviación del valor de una variable climática respecto a su valor normal.
2) Diferencia entre el valor de una variable climática en un lugar determinado y el valor medio de dicho elemento promediado sobre el paralelo (círculo de latitud) de ese lugar.

En las publicaciones científicas no existe una definición uniforme de lo que constituye un **valor climático extremo**, ya que, en términos absolutos, un valor climático extremo puede variar en función del lugar; por ejemplo, la temperatura en un día caluroso en los trópicos puede ser diferente a la de un día caluroso en las latitudes medias.

Por otro lado, el IPCC, (2013) expresa que *la presentación de valores climáticos considerados extremos, como olas de calor, de frío o sequías y lluvias que provocan inundaciones, se presentan como fenómenos raros y casi siempre están vinculados a una ruptura brusca (condiciones disruptivas)[2]*

---

[2] Disruptivo: Se utiliza para definir una condición climática que produce una interrupción súbita del estado del clima

Desde el punto de vista local existen aspectos territoriales que pueden modificar las características climáticas generales de toda una región según el uso del suelo. Así, por ejemplo, en los territorios no urbanizados con predominio de un medio natural, los principales aspectos que pueden modificar las características climáticas son:

Tabla 2.1. Incidencia del medio natural en el clima

Aspectos del territorio que modifican el clima	Tipo de incidencia en el clima
Características del relieve (barreras montañosas, valles y depresiones).	Pueden modificar los regímenes de vientos, las precipitaciones, la humedad y las temperaturas.
Orientación o latitud. (Posición de una zona respecto al norte geográfico).	Modifica directamente la radiación, tanto en cantidad como en tiempo, y a partir de ella, el resto de las variables climáticas por su influencia en la vegetación.
Presencia de cursos o masas de agua.	Estas modifican la humedad relativa de las zonas próximas y la evaporación del agua provoca un enfriamiento local del aire.
Constitución del suelo y tipo de cubierta vegetal.	La cubierta del suelo modifica la temperatura a nivel local.
Altitud.	Influye especialmente sobre la temperatura y la precipitación. La altitud provoca una disminución de la temperatura media. Esto se debe a la disminución, que se registra con la altura, del contenido de agua y partículas en suspensión, las que absorben y difunden la radiación solar.

Fuente: (Milán, 2004)

Los espacios transformados por los seres humanos (las ciudades), influyen también notablemente sobre el clima local, a través de los siguientes aspectos:

Tabla 2.2 Incidencia del medio construido en el clima

Aspectos de los asentamientos humanos que modifican el clima	Tipo de incidencia en el clima
Topografía.	Influye tanto en la temperatura como en la precipitación.
Morfología urbana.	La disposición y forma del asentamiento humano respecto a la dirección de los vientos predominantes, influye en la temperatura ambiente.
Densidad de construcciones.	Altas densidades de construcciones suponen mayor cantidad de fuentes de generación de calor.
Tipología de las construcciones, textura y color.	La forma, los materiales y el color influyen en los valores de reflexión e inciden en la cantidad de calor liberado. Ello supone cambios de temperatura.
Densidad de infraestructura vial y volumen de circulación vehicular.	Las superficies oscuras de los pavimentos absorben mayor cantidad de calor y las emisiones de los vehículos también son fuentes de calentamiento (variación del albedo).
Superficie de áreas verdes.	Tienen una importante incidencia en el clima local porque disminuyen la temperatura y contribuyen a la disponibilidad de agua en la atmósfera con la evapotranspiración.
Densidad industrial.	Son importantes fuentes puntuales de producción de calor y emisión de contaminantes al aire.

Fuente: (Milán, 2004)

A continuación, se describen algunas variables que permiten explicar el comportamiento y cambio del clima desde la ciencia de la climatología.

2.2. Principales variables climáticas.

2.2.1. Radiación solar.

Ya se ha mencionado que la fuente primaria de energía en la atmósfera proviene del sol, de esta forma, el calor se define como la energía que transmite un cuerpo hacia el entorno o hacia otro cuerpo adosado a él en virtud de una diferencia de temperatura, sin que exista variación de otros parámetros del sistema. Por esta razón el calor puede medirse en unidades de energía (el julio o la caloría). La relación es 1caloría=4.19 julios). Sin embargo, la temperatura de un cuerpo indica cierta cantidad de energía, o sea cuanto más caliente es un cuerpo, mayor es su temperatura. La temperatura puede medirse en grados centígrados o grados Kelvin, y la relación que existe entre ellos es °K= °C+273

La altura del sol influye sobre la cantidad de radiación que llega a la superficie de la tierra, por ello cuanto más bajo esté el sol, mayor es la superficie sobre la que se reparte la energía y mayor es el espesor de la capa de la atmósfera que deben atravesar los rayos solares, por lo que el total de energía absorbido será mayor.

Por otro lado, el eje de rotación de la Tierra no es perpendicular al plano de la órbita elíptica, sino que tiene una inclinación de 23.5 grados, y además siempre apunta hacia el mismo sitio. Como resultado, el movimiento de traslación supone que durante la mitad del año uno de los hemisferios está más iluminado por el sol y durante la otra mitad, lo está el otro. Este fenómeno da origen a las estaciones del año.

Existen importantes variaciones en la cantidad de energía que llega
a cada zona, unido a la presencia de un cinturón de bajas presiones
en el Ecuador que eleva la nubosidad durante todo el año (conocido
como Zona de Convergencia Intertropical) y por tanto la atmósfera
tiene una mayor capacidad de absorción. También existen
cinturones de altas presiones centrados en los trópicos que suponen
una atmósfera limpia con baja absortancia.

La radiación solar permite comprender las diferencias de
temperaturas, las que conjuntamente con los movimientos de las
masas de aire y la humedad relativa, dan origen a los diferentes
tipos de climas que existen en el planeta.

2.2.2. Temperatura

La temperatura depende de diversos factores, entre ellos, la
inclinación de los rayos solares, el tipo de sustratos (la roca absorbe
energía, el hielo la refleja), la dirección y fuerza del viento, la
latitud, la altura sobre el nivel del mar y la proximidad de masas de
agua.

Para realizar un análisis climático, es necesario tomar en
consideración las variaciones que experimenta la temperatura en un
mismo lugar, tanto a lo largo de un día, como de una estación a
otra, porque son estas variaciones de un territorio a otro, las que
definen los meso o micro-climas.

La temperatura suele variar según los siguientes factores:
- Variación diurna.
- Variación estacional.
- Variación con la latitud.
- Variación con el tipo de superficie.
- Variaciones con la altura.

Los valores más importantes que suelen estudiarse son:
1. Diarios:
_ Máximos y mínimos
_ Media diaria
_ Amplitud térmica (diferencia entre máximo y mínimo)
2. Mensuales
_ Máxima y mínima absolutas
_ Media mensual
_ Número de días con T superior o inferior a determinado umbral
_ Amplitud térmica (diferencia entre máximo y mínimo)
3. Anuales
_ Máxima y mínima absolutas
_ Máximas y mínimas medias
_ Media anual
_ Amplitud térmica (diferencia entre máximo y mínimo)

2.2.3. Presión atmosférica

La densidad media del aire seco es 1.293 Kg/m3 y la presión atmosférica tiene un valor medio de 1013 mb (milibares). Sin embargo, como cualquier variable climatológica, presenta una importante variabilidad espacio-temporal debido a las diferencias en la energía terrestre y de la densidad del aire.

Cuando la temperatura aumenta, disminuyen la densidad y la presión y viceversa, razón por la cual aparecen altas presiones de origen térmico (en invierno) debido a un aumento de la densidad del aire y una mayor compresión. Sin embargo, la acumulación de aire en las capas bajas de la atmósfera crea un área de baja presión en altura. Mientras que el efecto contrario, se produce cuando aparecen bajas presiones de origen térmico (en verano) debido a un descenso de la densidad del aire que se hace más liviano.

A partir de registros de varias estaciones meteorológicas, se representa en un mapa la presión atmosférica referida al nivel del mar, y mediante interpolaciones se trazan una serie de líneas denominadas isobaras que unen puntos de igual presión. El trazado de estas isobaras suele adoptar una serie de configuraciones típicas que están asociadas a determinados fenómenos atmosféricos, entre los que se destacan aéreas de alta presión (mayor que 1013 mb) y áreas de baja presión (menor que 1013 mb). Estos mapas tienen una gran importancia porque sobre un área de alta presión hay mayor "cantidad" de aire que sobre un área de baja presión y este aire está más comprimido.

2.2.4. Elementos sobre la circulación general de la atmósfera

El aire que se calienta en el ecuador, es ligero y asciende, mientras que el aire frío en los polos es pesado y desciende.

Si no fuera por la rotación terrestre, se establecería una corriente de aire desde los polos hasta el ecuador al nivel del suelo y una corriente en dirección contraria en altura, sin embargo, la conservación del momento angular (la fuerza de Coriolis) impide que esto sea así, ya que desvía estas corrientes, y entonces surgen tres zonas o células, con descendencias sobre los 30 ° de latitud y ascendencias sobre los 60 °, además de la ascendencia ecuatorial y la descendencia polar. Glynn y Heinke (1999).

Los principales tipos de vientos son:

Vientos alisios: Son originarios de las latitudes tropicales y llegan frecuentemente hasta las latitudes medias. El aire, desplazándose hacia el norte, se enfría por su base y se vuelve cada vez más "estable" y por ello, cuando llega a las regiones templadas, va acompañado de nieblas, brumas o nubes estratificadas, (estratos o estrato cúmulos), seguidas muy a menudo de lloviznas. Si el aire tropical es de origen marítimo, posee una gran humedad específica, aportando nubes con tormentas.

Vientos polares: Se originan en las altas latitudes y en ocasiones descienden hasta los trópicos. Estas masas de aire, que poseen en sus inicios una temperatura muy baja, escasa humedad específica y una gran estabilidad, se calientan en la base durante su desplazamiento hacia el sur, haciéndose cada vez más "inestables", lo que favorece el desarrollo de las nubes de convección, cúmulos y cúmulo nimbos, y cielos "variables" que lo caracterizan.

Vientos monzónicos: Son vientos estacionales que soplan desde la tierra hacia el mar en invierno y del mar a la tierra en verano, debido a un mecanismo similar al de las brisas terrestres y marinas, pero a gran escala, tanto espacial, como temporal. Estos vientos producen una baja presión en el centro de Asia, invirtiendo el gradiente y producen abundantes lluvias en India, Indochina y China.

2.2.5. Viento

El viento puede definirse como el movimiento horizontal del aire respecto a la superficie terrestre, en dirección oeste a este y una velocidad superior a la de rotación de la Tierra, mientras que un viento que provenga del este sería originado por una velocidad inferior a la de rotación de la Tierra.

Las variables fundamentales en el estudio del viento son la dirección, que se mide en grados y su intensidad o velocidad que se expresa en m/s, Km/h y en el mar, en nudos que equivalen a millas marinas por hora.

Según la disponibilidad de datos, para períodos largos se pueden determinar las velocidades medias, las direcciones dominantes, los porcentajes de calma y rachas máximas. Es importante también obtener y reflejar la altura del anemómetro en cada estación de estudio, debido a la gran variación que presenta el viento dentro de la capa límite, afectado por el rozamiento con el suelo.

Cuando se realiza un resumen de velocidad del viento mensualmente, se debe calcular además de la velocidad promedio, el porcentaje de calma medio, así como analizar los datos de rachas máximas, para lograr una mejor comprensión de las velocidades medias del viento, para diversos estudios, tanto en tierra firme como en zonas costeras.

2.2.6. Precipitación

Se define como todas las formas de humedad caída sobre el suelo en estado sólido o líquido. Las nubes son la fuente principal de precipitación, aunque la mayoría de ellas no originan precipitación.

Toda forma de precipitación significativa proviene de nubes formadas por elevación. El aire húmedo que asciende se enfría de manera adiabática[3] hasta por debajo del punto de rocío.

---

[3] Adiabático: Se refiere a volúmenes que impiden la transferencia de calor con el entorno

Existen dos grandes grupos de familias de nubes: las que se deben a una elevación lenta y oblicua, llamadas nubes de capa que son típicas de las tormentas ciclónicas y pueden tener un espesor de 5 a 8 Km, produciendo precipitaciones ciclónicas o frontales. El otro grupo de nubes se originan por una rápida elevación convectiva de columnas de aire en condiciones inestables, llamadas cúmulos o cúmulo nimbos que producen precipitaciones convectivas. (WMO, 1964)

Este segundo grupo de nubes se producen por la rápida elevación de columnas pequeñas, variando desde las pequeñas fumaradas de cúmulos, que son típicas en un día con buen tiempo, hasta enormes masas de cúmulo nimbos que se alzan hasta más de 15 Km de altura. Estas producen chubascos cortos y violentos y son la causa predominante de lluvia en los trópicos y en el verano de latitudes medias. Las precipitaciones más fuertes suelen ir acompañadas de relámpagos y truenos. (WMO, 2009)

También existen las precipitaciones orográficas, que se producen por el choque de una masa de aire húmedo contra una montaña, lo que provoca su ascenso hasta alcanzar su nivel de condensación. Habitualmente, el desarrollo de estas nubes es horizontal, se llaman estratos y originan una precipitación por contacto de tipo horizontal.

Otro tipo son las precipitaciones frontales, que se producen en un frente o zona de contacto entre dos masas de aire de distinta temperatura y humedad. Las dos masas se comportan como sistemas aislados, por lo que no se mezclan, sino que chocan y en la zona de contacto entre ellas, es decir en el frente, se libera la energía originada por la diferencia de temperaturas en forma de lluvias o de vientos.

Durante el transcurso de una tormenta, se forman iones de partículas que contiene la atmósfera. Los iones positivos en la parte alta y los negativos en la parte bajan de las nubes. Además, la tierra también se carga de iones positivos.

Todo ello genera una diferencia de potencial de millones de voltios que acaba originando fuertes descargas eléctricas entre distintos puntos de la nube, entre nubes distintas o entre la nube y la tierra: a dicha descarga eléctrica se le conoce como rayo. El relámpago es el fenómeno luminoso asociado a un rayo, aunque también suele darse este nombre a las descargas eléctricas producidas entre las nubes. (WMO, 2009).

El calor producido por la descarga eléctrica calienta el aire y lo expande bruscamente y después se contrae al enfriarse, dando lugar a ondas de presión que se propagan como ondas sonoras. Estas ondas sonoras que se propagan a la velocidad del sonido (300 m/seg.) se le denominan trueno.

El régimen de precipitación es una variable de alta relevancia porque: (Milán, 2004)
- Conjuntamente con la temperatura y la humedad, se pueden establecer clasificaciones climáticas a las que se subordinan diferentes formas de vida, por lo que es un indicador muy importante para los ecosistemas.
- El régimen de precipitación, junto a la topografía y otras variables hidrológicas, permite determinar los riesgos de inundaciones en un territorio.
- Conjuntamente con la evapotranspiración permite conocer la disponibilidad de agua de cierto territorio para ser utilizado en la agricultura.
- El régimen de precipitación influye decisivamente en las formas de uso del suelo.

- El régimen de precipitaciones, asociado a las fuentes de aguas superficiales y subterráneas, permite conocer la disponibilidad de agua para el consumo humano, así como determinar la vulnerabilidad a la contaminación de esas formas de agua.

Al expresar la precipitación, existen una serie de datos que se extraen directamente de los registros en las estaciones meteorológicas o que se pueden deducir a partir de los registros.

2.2.7 Evaporación y evapotranspiración

Se denomina Evapotranspiración a la unión de dos fenómenos: la evaporación y la transpiración. La connotación de una u otra depende de la presencia del medio líquido, pues en el océano no hay transpiración y la evaporación se produce en condiciones de agua libre, mientras que en la tierra la transpiración puede llegar a ser muy importante y sólo puede evaporarse el agua presente en la capa superficial de suelo que está retenida por una serie de potenciales en el suelo, pudiéndose dar el caso de que no exista agua para evaporar.

Debido a la importancia que tiene la evapotranspiración dentro del ciclo hidrológico, así como el rol que juega en los procesos de desertificación de suelos, es muy importante en zonas cubiertas por vegetación donde se planifiquen usos del suelo, conocer los valores de evapotranspiración, para determinar la estrategia a seguir en relación al mantenimiento de la cantidad de vegetación para conservar los valores de evapotranspiración, aún con el nuevo uso del suelo.

El gasto de agua que produce la transpiración en las plantas es útil debido a que la intensidad de la transpiración influye en la producción de agua y está muy relacionada con la fotosíntesis. La transpiración tiene diferentes comportamientos según el tipo de especie; así las especies caducifolias – especies que pierden el follaje en una época del año – disminuyen obviamente su transpiración, mientras que las especies perennifolias – que no pierden el follaje en una época del año – varían su transpiración en dependencia de las condiciones ecológicas del sitio.

En los bosques tropicales los árboles pueden alcanzar valores de transpiración que oscilan entre 3 mg/g x min y 20 mg/g x min, llegando a valores máximos que sobrepasan los 20 mg/g x min. Estos valores no difieren de las zonas templadas. Sin embargo, las especies de estratos herbáceos de bosques tropicales transpiran menos intensamente. (Milán, 2004)

2.2.8. Clasificación climática

Los climas del planeta son el resultado de la desigual distribución de la radiación, la temperatura, la presión, la humedad relativa, la precipitación y la evapotranspiración, condicionados por factores astronómicos, meteorológicos y geográficos.

Las clasificaciones climáticas pueden tener diversos fines y alcances.

Tabla 2.3. Síntesis de algunas clasificaciones climáticas

Tipos de clasificaciones o autor	Principales variables	Comentario
Clasificación de Papadakis	Se basa en los regímenes de temperatura y humedad	Se sintetiza en 10 tipos de climas y se subdivide

(1966)	anual.	en 6 tipos climáticos. Tiene caracterización por tipos de cultivos y paisajes.
Thornthwaite (1931)	Utiliza la Precipitación efectiva, que es un índice en función de la precipitación y la temperatura, así como la efectividad térmica, que es otro índice en función de la temperatura.	
Clasificación basada en el bienestar humano (Terjung, 1966)	Utiliza el índice de bienestar y el enfriamiento por el viento.	Los índices son deducidos básicamente de la temperatura (bulbo seco y húmedo). Se establecen rangos climáticos de bienestar.
Thornthwaite (1948)	Está basada en la evapotranspiración potencial y la precipitación.	Se determina índices para establecer los tipos climáticos, tales como índice de humedad e índice de aridez.
Koppen (1938)	Se sustenta en las medias mensuales y anuales de temperatura y la precipitación, seleccionadas como valores críticos para la vegetación.	Establece 12 tipos climáticos y utiliza la vegetación como indicadora del clima.
Clasificaciones climáticas a partir de la vegetación	Existen diversas clasificaciones, que se basan en las relaciones entre los factores climáticos y episodios o fenómenos periódicos en la vida vegetal o animal.	Por lo general se basa en la selección de especies indicadoras y se utilizan episodios tales como, foliación, maduración de frutos, defoliación, salida de espigas o recolección.
Sistema de	Está basado en zonas de vida	Las zonas de vidas son

Holdridge (1978).	que son divisiones de calor, precipitación y humedad equivalentemente ponderadas. El calor se expresa como biotemperatura, que es una medida de calor efectivo en el crecimiento de la planta (0-30 grados Celsius).	áreas de paisajes naturales homogéneas según el clima, por tanto, es una clasificación climática con una fuerte base ecológica que se interrelaciona con diversos factores del medio ambiente.

Fuente: Milan (2020)

La clasificación climática del territorio tiene una alta importancia medioambiental, ya que ésta se interrelaciona con el uso del suelo, la altitud, la topografía y otros factores. La información resultante servirá de base para la planificación, la evaluación de impactos ambientales o restauración del medio ambiente.

2.2.9. Índices Climáticos

Los índices climáticos se utilizan para describir el estado y los cambios que se producen en el sistema climático y son muy usados para realizar análisis estadísticos, tales como, la comparación de series de tiempo, la estimación de medias y la identificación de valores extremos y tendencias.

Los índices se elaboran a partir de ciertas variables que describen algunos aspectos del clima en ciertas regiones, tales como la presión, la temperatura, la precipitación y la radiación solar o la temperatura superficial del mar, que se representan mediante ecuaciones. Los índices climáticos más comunes se elaboran a partir de la presión atmosférica y están basados en los gradientes de presión que existen entre dos o más localidades, por lo que se requieren registros mínimos de dos estaciones meteorológicas.

También se utilizan para identificar patrones relacionados con la variabilidad natural del clima debido a ciertas oscilaciones naturales, tales como:

- La Oscilación del Ártico.
- La Oscilación del Atlántico Norte.
- Patrón del Pacífico de Norte América.
- Índice de la Oscilación del Sur.
- Oscilación Multidecadal del Atlántico.
- Índice del Noratlántico Tropical.
- Oscilación del Pacífico Norte.
- Oscilación ENSO (El Niño y La Niña).

Por ser una de las oscilaciones que más influye en la variabilidad natural del clima, así como los impactos que genera, se dedicarán unos párrafos para describir la Oscilación de El Niño y La Niña

Oscilación ENSO (El Niño y La Niña). Es una de las oscilaciones climáticas más importantes de la Tierra. A partir de los cambios en las condiciones del océano pacífico, se producen cambios en el comportamiento del clima y la pesca a lo largo de las costas occidentales de las Américas. Las regiones secas de Perú, Chile, México y el suroeste de Estados Unidos, suelen estar inundadas de lluvia y nieve, mientras que los desiertos áridos producen floraciones. Por otro lado, en regiones más húmedas de la amazonia brasileña, Centroamérica y el noreste de Estados Unidos surgen sequías que duran varios meses. Carlowicz M. (2017)

Los eventos de El Niño ocurren aproximadamente cada dos a siete años, ya que el ciclo cálido alterna irregularmente con su hermano La Niña -un patrón de enfriamiento en el Pacífico Oriental- y con condiciones neutras. El Niño típicamente alcanza su pico entre noviembre y enero, aunque la acumulación puede detectarse con meses de anticipación y sus efectos pueden tardar meses en propagarse por todo el mundo.

Aunque El Niño no es causado por el cambio climático, a menudo produce algunos de los años más calientes registrados, debido al aporte adicional de calor que produce en la superficie del océano pacífico. Los eventos importantes de El Niño -como 1972-73, 1982-83, 1997-98 y 2015-16- han contribuido con grandes inundaciones, sequías, incendios forestales y eventos de blanqueamiento de coral de los últimos 50 años. Carlowicz M. (2017)

Según la NOAA, en condiciones normales los vientos alisios fluyen hacia el oeste a través del pacifico tropical por lo que se acumula agua caliente en el pacífico occidental, de tal manera que la superficie del mar en esa zona es aproximadamente medio metro más alta en Indonesia que en el Ecuador. La temperatura superficial del mar es aproximadamente 8 °C más elevada en la costa occidental, en tanto que frente a Sudamérica las temperaturas son bajas. De esta forma la lluvia se concentra en la zona de evaporación que se forma sobre el Pacífico Central, mientras que la costa oriental permanece relativamente seca. Esto explica los cambios que produce esta oscilación sobre los patrones de lluvias.

En un evento de El Niño los vientos alisios se relajan en el pacífico occidental y central, lo que profundiza la termoclina en el pacífico oriental y se eleva en el pacífico occidental. También el desplazamiento hacia el este del agua caliente en la superficie del océano, es una importante fuente de calor hacia la atmósfera, lo que altera significativamente la circulación atmosférica global y el clima en regiones muy alejadas del Pacifico Tropical.

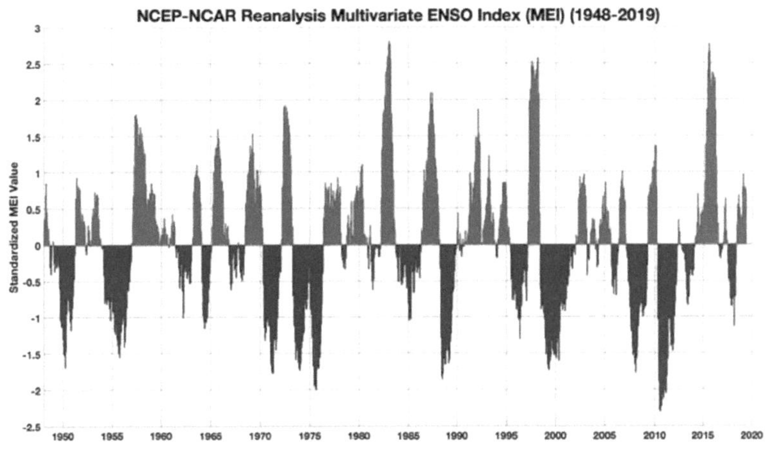

Figura 2.2. Imagen que muestra la variabilidad del fenómeno ENSO desde 1880 hasta 2010.

El periodo base para el cálculo del índice es de 30 años cuyos valores varían cada 5 años, lo que permite incorporar al índice los efectos de datos más recientes. Estas actualizaciones implican que los valores en décadas recientes de los índices, experimentan ligeros cambios debido al proceso de actualización.

La versión más actual hasta la fecha de los datos del Índice de El Niño (ONI) es ERSSTv3b (Smith et al 2008, J.Climate), Para mayor información consultar :
http://www.cpc.ncep.noaa.gov/products/analysis_monitoring/ensost uff/ensoyears.shtml

Al cambiar la distribución del calor y el viento a través del Océano Pacífico, El Niño altera los patrones de lluvia durante meses, ya que en la medida que la superficie del océano calienta, la atmósfera por encima de ella, el aire rico en humedad se eleva y se cambia el patrón normal de las precipitaciones.

2.3. Observaciones y Predicciones sobre el cambio climático

El Quinto Informe del IPCC (2013), en su Resumen para Responsables de Políticas afirma los siguientes hallazgos:

1. *El calentamiento en el sistema climático es inequívoco y, desde la década de 1950, muchos de los cambios observados no han tenido precedentes en los últimos decenios a milenios. La atmósfera y el océano se han calentado, los volúmenes de nieve y hielo han disminuido, el nivel del mar se ha elevado y las concentraciones de gases de efecto invernadero han aumentado.*
2. *Cada uno de los tres últimos decenios ha sido sucesivamente más cálido en la superficie de la Tierra que cualquier decenio anterior desde 1850. En el hemisferio norte, es probable que 1983-2012 fuera el período de 30 años más cálido de los últimos 1 400 años.*
3. *El calentamiento del océano domina sobre el incremento de la energía almacenada en el sistema climático y representa más del 90% de la energía acumulada entre 1971 y 2010.*

4. *Es prácticamente seguro que la capa superior del océano (0-700 metros) se haya calentado entre 1971, y es probable que se haya calentado entre la década de 1870 y 1971. En los últimos dos decenios, los mantos de hielo de Groenlandia y la Antártida han ido perdiendo masa, los glaciares han continuado menguando en casi todo el mundo y el hielo del Ártico y el manto de nieve en primavera en el hemisferio norte han seguido reduciéndose en extensión.*

5. *Desde mediados del siglo XIX, el ritmo de la elevación del nivel del mar ha sido superior a la media de los dos milenios anteriores (nivel de confianza alto). Durante el período 1901-2010, el nivel medio global del mar se elevó 0,19 metros [0,17 a 0,21 metros].*

6. *En los últimos 800 000 años, las concentraciones atmosféricas de dióxido de carbono, metano y óxido nitroso han aumentado a niveles sin precedentes. Las concentraciones de dióxido de carbono han aumentado en un 40% desde la era preindustrial debido, en primer lugar, a las emisiones derivadas de los combustibles fósiles y, en segundo lugar, a las emisiones netas derivadas del cambio de uso del suelo.*

7. *Los océanos han absorbido alrededor del 30% del dióxido de carbono antropógeno emitido, provocando su acidificación.*

8. *Se ha detectado la influencia humana en el calentamiento de la atmósfera y el océano, en alteraciones en el ciclo global del agua, en reducciones de la cantidad de nieve y hielo, en la elevación media mundial del nivel del mar y en cambios en algunos fenómenos climáticos extremos. Esta evidencia de la influencia humana es mayor desde que se elaborara el Cuarto Informe de Evaluación. Es sumamente probable que la influencia humana haya sido la causa dominante del calentamiento observado desde mediados del siglo XX*

Posterior a este informe, en el año 2019, el Grupo Intergubernamental de Expertos sobre el Cambio Climático (IPCC) publicó un informe especial sobre los impactos del calentamiento global a 1,5°C en este siglo, encontrando que limitar el calentamiento global a este nivel requerirá cambios rápidos, de gran alcance, y sin precedentes en todos los aspectos de la sociedad, según mencionó el IPCC en su nueva evaluación. (IPCC, 2019[a])

Algunos de los principales hallazgos seleccionados que se añaden a los ya señalados en el informe anterior, son:

1. Se estima que las actividades humanas causaron aproximadamente incrementos de temperaturas de 1.0 ° C del calentamiento global por encima de los niveles preindustriales. El calentamiento global es probable que pueda alcanzar 1.5 ° C entre 2030 y 2052 si éstas continúan aumentando al ritmo actual.

2. En muchas regiones terrestres y temporadas se está experimentando un calentamiento superior al promedio anual global, incluyendo dos o tres veces más en el Ártico.

3. El calentamiento, es generalmente más alto sobre tierra que sobre el océano. Los riesgos serán mayores si el calentamiento global supera los 1.5 ° C antes de volver a ese nivel en el año 2100, por el contrario, si el calentamiento global se estabiliza gradualmente a 1.5 °C, pero si la temperatura máxima es alta (por ejemplo, alrededor de 2 °C), algunos impactos pueden ser de larga duración o irreversibles, como la pérdida de algunos ecosistemas naturales.

4. Se prevé que los extremos de temperatura en la tierra de algunas regiones se calienten más que el promedio global estimado de temperatura. Se pueden esperar días de calor extremo en latitudes medias y el calentamiento puede llegar hasta aproximadamente 3 °C, con un calentamiento global de 1.5 °C y las noches extremadamente frías en latitudes altas se calentarán hasta aproximadamente 4.5 °C. Con un calentamiento global de 1.5 °C. Se prevé que la cantidad de días calurosos aumentará en la mayoría de las regiones terrestres, con mayores incrementos en los trópicos.

5. Se proyecta que el calentamiento global de 1.5 °C cambiará los rangos o distribución de muchas especies marinas, a niveles más altos de latitudes, así como, aumentará la cantidad de daños a muchos ecosistemas. También se espera que este nivel de calentamiento conduzca a la pérdida de recursos costeros, reducir la productividad de la pesca y la acuicultura (especialmente a latitudes bajas). Los arrecifes de coral, por ejemplo, se proyecta que disminuirán en más 70–90% a 1.5 ° C con pérdidas más grandes (> 99%) a 2°C. El riesgo de pérdida irreversible de muchos ecosistemas marinos y costeros aumenta con el calentamiento global, especialmente a 2 ° C o más.

6. Se proyecta que cualquier aumento en el calentamiento global afectará la salud humana con consecuencias negativas. Se proyectan menores riesgos de morbilidad y mortalidad a 1.5 ° C que a 2 °C de calentamiento global. Los riesgos de algunas enfermedades transmitidas por vectores, como la malaria y la fiebre del dengue, se proyecta que aumentarán con el calentamiento de 1.5 °C a 2 °C, incluidos los cambios potenciales en su rango de distribución geográfica.

7. La mayoría de las necesidades de adaptación serán menores para el calentamiento global de 1.5 °C en comparación con 2 °C. Existe una amplia gama de opciones de adaptación que pueden reducir los riesgos debido al cambio del clima si el calentamiento global se estabiliza a 1.5 °C

El informe expresa de forma rotunda que para limitar el calentamiento global a 1,5°C se requieren transiciones "rápidas y de gran profundidad" en el uso de la tierra, la energía, la industria, los edificios, el transporte y las ciudades. Las emisiones netas mundiales de dióxido de carbono (CO_2) de origen humano tendrían que reducirse en un 45 por ciento para el año 2030 con respecto a los niveles de 2010, y seguir disminuyendo hasta alcanzar el "cero netos" aproximadamente para el año 2050.

Sobre la base de esta meta se firmó el Acuerdo de París y la hoja de ruta que se trazó Conferencia de las Partes numero 24 desarrollada en Polonia. Sobre la marcha de estos acuerdos y los principales resultados de estas reuniones mundiales se ha dedicado un capitulo al final de esta obra.

Los estudios del IPCC sobre el clima futuro y sus impactos no se detuvieron, en el año 2019 se presentaron dos nuevos estudios; El Informe Especial sobre el Océano y la Criosfera en un clima cambiante, donde se profundizan sobre los efectos que tendrá el cambio climático sobre los océanos y las partes del planeta que se congela. (IPCC, 2019b). En agosto del 2019 el IPCC presentó también el Informe especial sobre el cambio climático, la desertificación, la degradación de la tierra, la ordenación sostenible de la tierra, la seguridad alimentaria y los flujos de gases de efecto invernadero en los ecosistemas terrestres, donde se informan nuevas evidencias de los impactos y cambios que el calentamiento global provocará con el recurso tierra y su impacto en la seguridad alimentaria. Para mayor información consultar: https://www.ipcc.ch/srocc/ y https://www.ipcc.ch/srccl/

Hasta la fecha la información científica disponible sobre las observaciones y predicciones del calentamiento global son abundantes, profundamente robustas y suficientes para emprender acciones, sin embargo, la poca voluntad política de ciertos Estados para reducir las emisiones no ha permitido lograr un avance significativo en la reducción de emisiones, lo cual se aborda con más detalles en el capítulo final de esta obra.

2.4. Institucionalidad científica para el estudio del cambio climático.

Las primeras preocupaciones por el calentamiento global y su impacto en el clima fueron planteadas por la Organización Meteorológica Mundial (WMO en Ingles), a partir de la cumbre de Rio de Janeiro se crea el Panel Intergubernamental de Expertos sobre el Cambio Climático, conocido por el acrónimo en inglés IPCC (Intergovernmental Panel on Climate Change), es una organización internacional, constituida a petición de los gobiernos miembros. Fue establecido por primera vez en 1988 por dos organizaciones de Naciones Unidas, la Organización Meteorológica Mundial (OMM) y el Programa de las Naciones Unidas para el Medio Ambiente (PNUMA), y posteriormente ratificada por la Asamblea General de las Naciones Unidas mediante la Resolución 43/53.

La misión del IPCC es proveer con evaluaciones científicas comprensivas sobre la información científica, técnica y socioeconómica actual sobre el riesgo de cambio climático provocado por la actividad humana, sus potenciales consecuencias medioambientales y socioeconómicas, y las posibles opciones para adaptarse a esas consecuencias o mitigar sus efectos.

Centenares de científicos y expertos contribuyen (de modo voluntario, sin recibir ningún tipo de pago del IPCC) escribiendo y revisando informes, que son a su vez revisados por representantes de todos los gobiernos, sujeto a una aprobación, línea a línea, por todos los gobiernos participantes.

El IPCC posee una autoridad internacionalmente aceptada sobre cambio climático, produciendo informes que gozan del acuerdo de todos los científicos dedicados al estudio del clima y el consenso de cada uno de los gobiernos participantes. Ha facilitado satisfactoriamente a los Estados información sobre políticas adecuadas, con consecuencias profundas sobre la economía y los patrones de vida.

El Panel del IPCC está formado por representantes designados por gobiernos y organizaciones. Se incentiva la participación de delegados con experiencia y formación científica apropiada. Las sesiones plenarias del IPCC y de los grupos de trabajo participan representantes gubernamentales. También Organizaciones No Gubernamentales e intergubernamentales que pueden ser autorizadas asistir como observadores. Las sesiones del Consejo del IPCC, los talleres y las reuniones de expertos son accesibles con la debida autorización previa.

La estructura del IPCC es la siguiente:
- Panel IPCC: se reúne en sesiones plenarias aproximadamente una vez al año y controla la estructura de la organización, sus procedimientos y programación de trabajo. El Panel es la única entidad corporativa del IPCC.
- Presidente: Es elegido por el Panel.
- Secretariado: supervisa y gestiona todas las actividades. Está apoyado por el Programa de Naciones Unidas para el Medio Ambiente, también conocida como ONU Ambiente y la Organización Meteorológica Mundial (OMM).
- Bureau: Es elegido por el Panel. Está presidido por el presidente. Cuenta con 30 miembros, entre los que se encuentran los vicepresidentes, copresidentes y vicepresidentes de los grupos de trabajo.

- Grupos de Trabajo: cada uno tiene dos copresidentes, uno del mundo desarrollado y otro del mundo en desarrollo, y una unidad de apoyo técnico.
- Grupo de Trabajo I: evalúa aspectos científicos del sistema climático y del cambio climático. Grupo de Trabajo II: evalúa la vulnerabilidad de los sistemas socioeconómicos y naturales al cambio climático, sus consecuencias y las opciones de adaptación.
- Grupo de Trabajo III: evalúa las opciones para limitar las emisiones de gases de efecto invernadero, así como otras políticas de mitigación del cambio climático.
- Grupo de Operaciones (Task Force) sobre Inventarios de Gases de Efecto Invernadero Nacionales.

El IPCC ha publicado cinco informes científicos y se encuentra en fase de preparación del sexto informe que estará disponible para el año 2022, examinando las más recientes evidencias climáticas, así como numerosos informes especiales sobre temas particulares. Estos informes son preparados por equipos de investigadores relevantes seleccionados por el Bureau a partir de nominaciones gubernamentales. Los borradores de estos informes están disponibles a comentarios en procesos de revisión abiertos a los que cualquier persona puede contribuir.

El IPCC publicó su Primer Informe en 1990, un informe adicional en 1992, un Segundo Informe en 1995, un Tercer Informe en 2001 y un Cuarto Informe en 2007. El Quinto Informe se publicó en 2014.

Varias críticas han sido emitidas, tanto sobre el contenido específico de los informes del IPCC, como sobre el propio proceso llevado a cabo para producir estos informes. La mayor parte de los expertos científicos consideran que las críticas relativas al contenido son relativamente menores.

El 13 de marzo de 2010, una carta abierta, firmada por cerca de 250 científicos de Estados Unidos, fue enviada a diferentes agencias federales de EE.UU. afirmando que *"ninguno del puñado de declaraciones erróneas u omisiones (parte de cientos y cientos de declaraciones no disputadas) remotamente debilita la conclusión de que el "calentamiento del sistema climático es inequívoco" y de que la mayor parte del incremento observado en las temperaturas medias globales desde la mitad del siglo XX es muy probablemente consecuencia del incremento observado de las concentraciones de gases de efecto invernadero antropogénicos".* Tomada de http://www.opinione.it/cultura/2019/06/19/redazione_riscaldament o-globale-antropico-clima-inquinamento-uberto-crescenti-antonino-zichichi/

Sin embargo, uno de los vacíos que genera mayor impacto en la sociedad sobre el conocimiento del cambio climático, es la ausencia en la producción de información que traduzca el lenguaje científico, a un lenguaje comprensible por la sociedad y la academia. Este es un reto muy importante a resolver en los próximos años.

2.5. ¿Cómo se hacen las observaciones y predicciones del cambio climático?

2.5.1. ¿Cómo se hace las observaciones del clima?

Las observaciones del clima atmosférico, en la superficie de la tierra, océanos y territorios congelados es el sustento principal de las observaciones sobre el comportamiento del clima y la variabilidad climática, lo que permite comprender como está cambiando el clima y sus causas.

También como se verá en el próximo epígrafe, las observaciones suministran datos que son fundamentales para evaluar, ajustar e inicializar los modelos que realizan proyecciones sobre cómo cambiará el clima a largo plazo en función de diferentes hipótesis sobre emisiones de gases de efecto invernadero y otras actividades humanas. Las series largas de datos de observación han permitido al IPCC difundir el mensaje de que el calentamiento del sistema climático mundial es inequívoco.

Por su parte, la Secretaría del Sistema Mundial de Observación del Clima (2015), en su informe sobre el Estado del Sistema Mundial de Observación del Clima, explica que se ha fortalecido la organización internacional de los sistemas de observación, especialmente por lo que se refiere a la atmósfera y el océano, mediante el desarrollo del Sistema Mundial Integrado de sistemas de observación de la OMM y de la revitalización del Sistema Mundial de Observación de los Océanos.

También el Vto Informe del IPCC señala que se ha progresado en el conocimiento de cómo el clima está cambiando en el tiempo y el espacio mediante el perfeccionamiento y la ampliación de numerosos conjuntos y análisis de datos, cobertura geográfica más extensa, mejor conocimiento de las incertidumbres, y mayor variedad de mediciones.

Desde la década de 1960, se han incrementado las observaciones integrales disponibles de glaciares y de la cubierta de hielo y, desde la década pasada, se cuenta con las del nivel del mar y del manto de nieve. No obstante, el alcance de los datos sigue siendo limitado en algunas regiones

Un trabajo meritorio en materia de observación climática ha sido desarrollado por la National Oceanic Atmospheric Administration (NOAA) del Departamento de Comercio de los Estados Unidos de América en la recopilación de datos que hace posible acceder a los datos climatológicos mundiales de casi 100.000 Estaciones Meteorológicas de diferentes regiones del planeta. Más información disponible en: https://www.ncdc.noaa.gov/data-access/land-based-station-data/land-based-datasets/global-historical-climatology-network-monthly-version-3

La "Global Historical Climatology Network", (GHCN) de la NOAA. Es una fuente de datos climáticos diaria, a través de contribuciones voluntarias de todos los países y es usada para la mayoría de estudios climáticos mundiales. Sin embargo, el acceso y uso de los datos debe realizarse por un experto en la materia, debido a la necesaria estandarización de los datos que ha sido realizada, debido a las diferentes fuentes de procedencia de los datos y la calidad de las mediciones.

2.5.2. ¿Cómo se hacen las proyecciones del clima?

La proyecciones futuras del clima son representaciones numéricas de las ecuaciones fundamentales que describen el comportamiento del sistema climático y de las interacciones entre sus componentes (atmósfera, océanos, criosfera, biósfera) basadas en principios físicos que calculan los procesos claves dentro del sistema climático denominado como Modelo Climático. La modelación no es un pronóstico, es una proyección.

Vinner y Hulme, (1993) definieron el modelo climático como *"Representación del clima futuro que es internamente consistente, que ha sido construida empleando métodos basados en principios científicos y que puede ser utilizada para comprender las respuestas de los sistemas medio ambientales y sociales ante el futuro cambio climático"*,

El proceso de modelación cumple una serie de etapas que se inicia desde un proceso de pocas incertidumbres hasta la estimación de los impactos, donde la incertidumbre crece significativamente, tal y como se muestra en la gráfica siguiente.

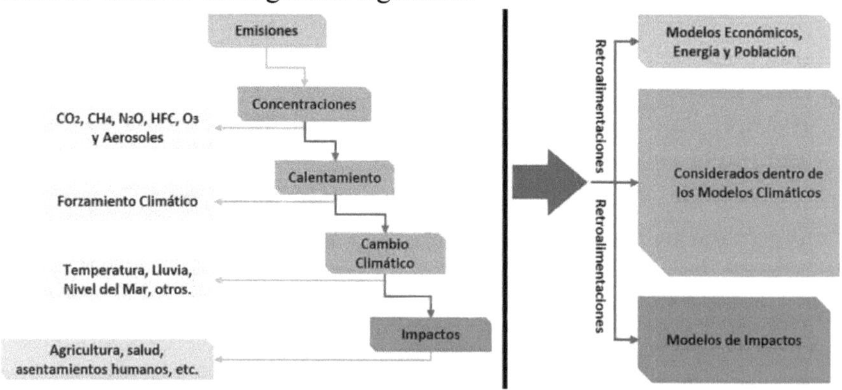

Figura 2.4. Etapas del proceso de modelación climática.

Los principales modelos son los siguientes:

1. Modelos climáticos tridimensionales océano-atmósfera
Modelos atmosféricos
        Modelos oceánicos
        Modelos de hielos marinos
        Modelos de procesos de la superficie terrestre
2. Modelos climáticos simples
3. Terrestre de complejidad intermedia
4. Modelos climáticos regionales

Estos modelos han evolucionado considerablemente, tanto en complejidad, como en la adición de nuevas variables. Por ejemplo, en 1975, los modelos sólo estaban dirigidos al análisis de la atmósfera. Mientras que los modelos que se utilizaron desde el año 2000 en adelante, incorporan además los siguientes tipos de análisis: superficie terrestre, océanos e hielo, aerosoles de sulfatos, otros aerosoles, ciclo del carbono, química de la atmósfera, entre otros. También la resolución espacial de los modelos ha mejorado considerablemente en los últimos años.

El Vto Informe del IPCC (2013) afirma que *los modelos climáticos han mejorado desde el Cuarto Informe de Evaluación. Los modelos reproducen patrones y tendencias de la temperatura en superficie a escala continental observados a lo largo de muchos decenios, en particular el calentamiento más rápido producido desde mediados del siglo XX y el enfriamiento que se produce inmediatamente tras las grandes erupciones volcánicas.*

El Proyecto de inter-comparación de modelos de clima acoplados (CMIP en sus siglas en inglés, Coupled Model Intercomparison Project) tiene como objetivo crear un marco de comparación de modelos creados por los diferentes países y centros de investigación con el propósito de mejorar el conocimiento del cambio climático, inició sus trabajos desde 1996.

El CMIP tiene seis fases que han contribuido para construir escenarios más realistas, tanto en las simulaciones históricas del clima, simulaciones paleo-climáticas, como en escenarios de clima futuro.

La fase cinco se conoce como CMIP5 se elaboró para dar respuestas a interrogantes científicas surgidas durante el cuarto informe del IPCC y promover una mejor comprensión general del clima, y a su vez proporcionar estimaciones de cambio de clima futuro. https://esgf-node.llnl.gov/projects/cmip5/

La sexta fase del CMPI (CMPI6) inició en el año 2013, cuyos resultados serán utilizados en el sexto informe del IPCC. Según los autores la estructura del CMIP6 ha sido extendida con respeto a CMIP5 para proporcionar un marco equivalente a las fases anteriores unido a un conjunto de hasta 23 experimentos que ya están aprobados. https://www.wcrp-climate.org/wgcm-cmip/wgcm-cmip6

Los Modelos Climáticos Globales son la mejor y más completa herramienta para generar proyecciones climáticas futuras porque:
1. Son la base para la construcción de escenarios climáticos.
2. Todas las técnicas de desarrollo de escenarios se basan en los resultados de los modelos.
3. El fundamento de los modelos se basa en leyes físicas conocidas.

4. Reproducen el comportamiento del clima y el cambio climático en el pasado.

5. Tienen habilidad para simular importantes aspectos del clima actual, incluyendo los cambios de corta duración asociados a las erupciones volcánicas.

Sin embargo, tienen algunas limitaciones, tales como:

1. Deficiencias al simular la precipitación en los trópicos, así como la variabilidad climática ocasionada por las oscilaciones de ENSO (El Niño y La Niña) y otras importantes oscilaciones.

2. No representan explícitamente procesos de pequeña escala (p. ej. las nubes).

3. Limitaciones en el poder de las computadoras y en la comprensión científica de varios procesos claves del sistema climático.

Los modelos son los instrumentos más importantes para desarrollar proyecciones futuras del clima. Sin embargo, en la actualidad su principal limitante son las altas resoluciones espaciales de éstos (una cuadricula puede representar 200 km), por tanto, a nivel de países pequeños es imposible realizar proyecciones con ese nivel de resolución.

Por esta razón se han desarrollado diferentes caminos que contribuyan a convertir información de alta resolución, tomando como base las variables de baja resolución, Estos caminos o métodos de traducir el problema de resolución de la proyección climática, se conoce por su nombre en inglés como Donw scaling.

El donw scaling es una técnica relativamente nueva que consta de cuatro pasos fundamentales

1-Clasificación del clima de gran escala.

2-Determinación de las frecuencias de ocurrencias de climas específicos.

3- Simulaciones regionales.

4- Evaluación climatológica

Capítulo 3. Riesgos e Impactos del Cambio Climático

3.1. Introducción al riesgo a desastres.

El conocimiento del riesgo a desastres es una disciplina emergente que ha evolucionado desde sus primeras definiciones, donde lo relacionaban como la probabilidad de que se presente un nivel de consecuencias económicas, sociales o ambientales en un sitio particular y durante un período de tiempo definido.

El riesgo se obtiene de relacionar la amenaza con la vulnerabilidad de los elementos expuestos (Cardona 1996). Más reciente, el informe especial del Panel Intergubernamental de Expertos en Cambio Climático (SREX) Lavell, A, et. Al. (2012) define el riesgo a desastres como *la probabilidad que, durante un período específico, se produzcan alteraciones severas en el funcionamiento normal de una comunidad o una sociedad debido a los eventos físicos peligrosos que interactúan con las condiciones sociales vulnerables, generando efectos adversos generalizados en lo humano, material, económico, o ambiental que requieren respuestas humanas, ya sean para prevenir, hacer frente a la emergencia para satisfacer a las necesidades humanas cruciales y que pueden requerir apoyo externo para su recuperación.* (Ver figura 3.1) El riesgo es el resultado de una amenaza, una exposición y una vulnerabilidad. Fuente: Adaptado de IPCC, 2012.

Según se aprecia en la figura siguiente, el riesgo depende de la existencia de una amenaza, una exposición y una vulnerabilidad, sin embargo, no es la simple suma de dichas variables, sino un estado nuevo y resultante de la combinación sinérgica de las mismas".

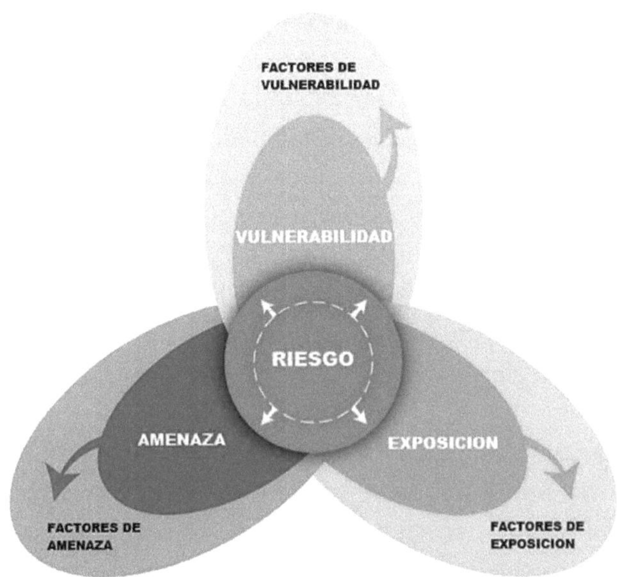

Figura 3.1. Componentes del riesgo

La amenaza se define como un peligro latente que puede manifestarse dentro de un período de tiempo y en un territorio [4] particular debido a un evento ya sea de origen natural, socio-natural o antrópogenico, que puede producir efectos adversos en las personas, la producción, la infraestructura, los bienes y servicios y el medio ambiente. (Lavel, 2008).

Las amenazas naturales son peligros físicos cuyo origen están relacionados a la dinámica natural del planeta como resultado de las constates interacciones que transforman o modifican la tierra. Por ejemplo "un sismo, una erupción volcánica, un tsunami o un huracán, que pueden implicar daños a los seres humanos, a sus medios de vida o interrupción de la actividad social y económica".

---

[4] El territorio es el espacio geográfico multidimensional donde ocurren y confluyen todas las dinámicas y relaciones naturales, sociales, económicas, culturales, políticas e ideológicas formando un todo altamente complejo".

De acuerdo a sus orígenes, estas amenazas pueden surgir por interacción del planeta tierra como parte del sistema solar (tormentas solares, radiación ultravioleta, impacto de asteroides y glaciaciones) o por eventos provenientes de la geósfera, la hidrósfera, la atmósfera o la biosfera. Por ejemplo, eventos relacionados con la geósfera son los sismos y volcanes, los relacionados con la hidrósfera, son las inundaciones, con la atmósfera, los eventos climáticos extremos y con la biósfera, la propagación de plagas en cultivos.

Las amenazas socio naturales son peligros físicos que surgen por el resultado de una interacción negativa entre el ser humano y su medio ambiente, ocasionando procesos de degradación o trasformación ambiental, sobre explotación y uso irracional de los recursos naturales y/o de intervención humana en los ecosistemas, convirtiendo al medio ambiente en un generador de nuevas amenazas. Son ejemplos de este tipo de amenazas la degradación ambiental, la sobre explotación y agotamiento de los recursos naturales, el cambio climático, las amenazas sociales y accidentes tecnológicos.

Las amenazas antropogénicas o antrópicas, son peligros físicos que surgen por el resultado directo de la actividad humana en la producción, distribución, transporte y consumo de bienes y servicios, así como en la construcción y uso de infraestructuras y edificios. Comprenden una gama amplia de peligros como lo son las distintas formas de contaminación de aguas, aire y suelos, los incendios, las explosiones, los derrames de sustancias tóxicas, los accidentes en los sistemas de transporte, la ruptura de presas de aguas limpias o contaminadas, etc. (Ver la siguiente figura.)

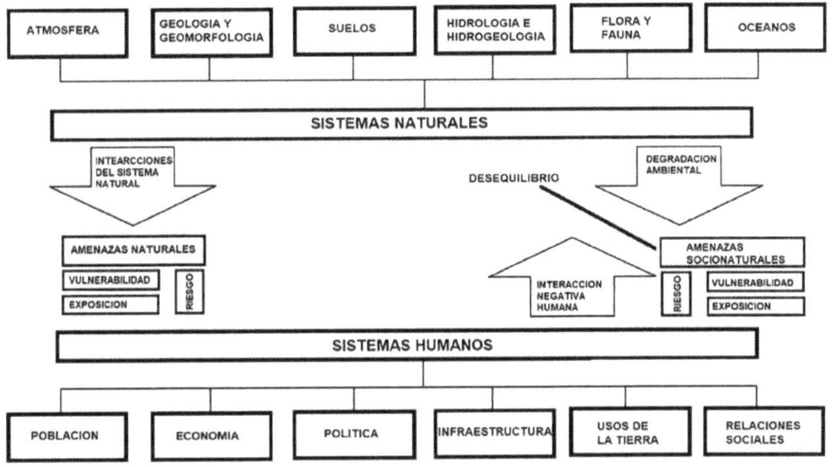

Figura 3.2. Las amenazas que degradan el medio ambiente son de origen socionatural, como lo es el cambio climático.

3.1.1. Características de las amenazas.

Con frecuencia se suele confundir el Evento con la Amenaza. El evento es un hecho, fenómeno o suceso, ya sea natural, socionatural o tecnológico que se describe según sus características, severidad, ubicación y área de influencia, lo que permite caracterizar a la amenaza. El evento se convierte en amenaza cuando éste se transforma en un peligro que puede manifestarse dentro de un período de tiempo y en un territorio particular. Entonces no es lo mismo la elevación del nivel del mar que la amenaza a una comunidad por la elevación del nivel del mar.

Las amenazas, normalmente tienen mecanismos generadores que son muy difíciles de predecir con precisión a pesar de los avances tecnológicos registrados por la humanidad, lo que complejiza asignar un valor a una amenaza, por esa razón, los científicos han propuesto realizar una evaluación, según Cardona et.al, (2013), combinando el análisis probabilístico con el análisis del comportamiento físico de la fuente generadora, mediante el uso de información de eventos que han ocurrido en el pasado y modelando con algún grado de aproximación los sistemas físicos involucrados. O sea, se trata de evaluar la probabilidad de que se presente un evento de una u otra intensidad durante un período de retorno [5].

Sin embargo, las amenazas de origen socio naturales y antrópicas no obedecen a un ciclo definido, por tanto, sus periodos de retorno no se pueden establecer, por su carácter lineal en el tiempo, también resulta difícil establecer su intensidad. Es posible que estas amenazas puedan ser evaluadas mediante otros parámetros que cualifican o cuantifican la amenaza, tales como la magnitud del evento (por ejemplo la contaminación ambiental), la duración que es el espacio de tiempo que dura el suceso, la extensión que se refiere al espacio físico afectado, la velocidad de ocurrencia que es el tiempo transcurrido desde la aparición hasta alcanzar la magnitud máxima del evento, el espaciamiento temporal visto como las características de los intervalos de recurrencia, el sinergismo, visto como la capacidad de la amenaza para desencadenar otras amenazas y también la capacidad de combinarse para crear otras y nuevas amenazas.

---

(5) El **periodo de retorno** se define como el intervalo de recurrencia (T), al lapso promedio en años entre la ocurrencia de un evento igual o mayor a una magnitud dada. Este **periodo** se considera como el inverso de la probabilidad, del enésimo evento de los n registros.

El otro aspecto importante es que una amenaza está íntimamente relacionada con una exposición, tal y como expresa (Lavel, 1996) *"la transformación de un potencial evento físico en una amenaza solamente es posible si un componente de la sociedad está sujeto a posibles daños o pérdidas. De lo contrario, un potencial evento físico, por grande que sea, no se constituye en una amenaza propiamente dicha".*

Las amenazas múltiples (multiamenazas) resultan de la combinación de peligros naturales, socios naturales y antropogénicos en un área, que pueden ocurrir en iguales o diferentes momentos. En muchas ocasiones las amenazas múltiples poseen sinergia, o sea, la actuación en conjunto de varias amenazas produce un efecto mucho mayor del que hubiera podido esperarse operando independientemente, dado por la concausalidad. Lavell A. et al (2012) denomina estas amenazas como concatenadas o complejas. Siempre tienen una amenaza primaria que desencadena, en dependencia de su magnitud, otras amenazas las que pueden actuar en una misma región o pueden ser dispersas a nivel de una nación o región.

Un ejemplo puede ser: El incremento del nivel del mar, puede afectar tierras fértiles de cultivo, lo que, a su vez, genera una amenaza a la seguridad alimentaria de una comunidad. La principal característica es que todas estas amenazas están concatenadas.

Otro ejemplo de amenazas múltiples de alcance nacional: El huracán Mitch generó intensas precipitaciones en el pacífico de Nicaragua, y produjo a su vez, un catastrófico deslizamiento de tierras. Sin embargo, las intensas lluvias, unido a la degradación de cuencas hidrográficas causó severas inundaciones en ríos, los que causaron erosión en los suelos agrícolas (perdiendo su productividad). Este tipo de desastre se presentó de forma dispersa en el territorio nacional.

3.1.2. La exposición, la vulnerabilidad y el riesgo.

La Exposición: se refiere a la ubicación de personas, sistemas de producción, infraestructuras, viviendas y otros activos tangibles humanos en zonas propensas a las amenazas.

Según afirma Alianza Clima y Desarrollo (2012), un clima cambiante lleva a cambios en la frecuencia, intensidad, extensión territorial y duración de los eventos extremos meteorológicos y climáticos, y puede generar extremos sin precedentes, lo que hace difícil la cuantificación de la exposición a las amenazas climáticas.

Por ejemplo: Casi Todas las Islas del Mar Caribe están expuestas a las amenazas de los huracanes, pero las trayectorias de estos eventos son cambiantes, es muy difícil predecir la exposición a éste tipo de amenaza en zonas o territorios específicos.

La Vulnerabilidad: se refiere a la susceptibilidad de sistemas humanos, de producción, infraestructuras, viviendas y otros activos tangibles a sufrir daños y pérdidas debido a factores construidos socialmente relacionados a condiciones inseguras en los entornos construidos y humanos. La vulnerabilidad de un contexto social y material que esté expuesto ante un evento peligroso, permite determinar los efectos potenciales de una amenaza.

Comúnmente la vulnerabilidad se mide a través de dimensiones o factores que varían significativamente, según la escala de análisis (país, región, municipio y localidad).

Desde el ámbito macro-económico, existen algunos factores que coadyuvan a elevar la vulnerabilidad, entre los que se destacan: (PNUD, 2007)

• La alta concentración de pobreza en las poblaciones expuestas a las diferentes amenazas del cambio climático.
• La desigualdad de los ingresos a lo interno de los países.
• La antropización desordenada.
• La carencia de infraestructuras de defensa contra las amenazas climáticas.
• El acceso restringido a seguros.
• Las desigualdades sociales y de géneros.

Los aspectos anteriores, unidos a otros factores específicos definen la vulnerabilidad, la cual puede ser reducida, porque depende mayoritariamente de factores sociales, en los cuales, la sociedad puede incidir y también la sociedad puede aumentar la capacidad de adaptación de los grupos humanos a los peligros del cambio climático.

La vulnerabilidad, además de las personas o grupos humanos, se refleja en aquellos sectores de los cuales depende la subsistencia de la población (medios de vida), como son la agricultura, la ganadería y demás actividades económicas que se desarrollan en el ámbito de territorios y que constituyen la base para la subsistencia de la población, así como en el propio hábitat y soporte humano (infraestructura).

La vulnerabilidad ante el cambio climático debe ser estimada para cada sistema potencialmente expuesto a los peligros, mediante el uso de indicadores que estén relacionados con el tipo de amenaza para el escenario deseado, pues no todos los indicadores de vulnerabilidad de un territorio son aplicables a las diferentes amenazas ocasionadas por el cambio climático.

Por otro lado, muchas amenazas del cambio climático para un territorio especifico son difíciles de predecir, porque se trata de un peligro que no es cíclico, no tiene periodo de retorno, y su carácter es creciente en el tiempo. A todo ello se suman las incertidumbres de los modelos climáticos en escalas tan reducidas, unido a las variaciones que se pueden generar debido a factores geográficos locales.

El Riesgo: El riesgo se define como una probabilidad de que se presente cierto nivel de consecuencias económicas, sociales o ambientales en un sitio particular y durante un período de tiempo definido. Se obtiene de relacionar la amenaza con la vulnerabilidad de los elementos expuestos y siempre tiene un valor monetario o físico, lo que representa el daño potencial, ya que la vulnerabilidad es una expresión del daño potencial de una amenaza.

En el análisis del riesgo, las pérdidas económicas directas se calculan por medio de indicadores de los costos de sustitución, mientras que las pérdidas indirectas son reducciones en la producción o en los ingresos, como consecuencia de las pérdidas directas o por los impactos generados sobre una cadena de suministro. Sin embargo, la pérdida de la vida humana, las enfermedades y traumas generados como consecuencia de un desastre no es cuantificable monetariamente (a la vida humana no se le puede asignar un valor monetario). Todo esto indica la importancia de anteponer la vida humana ante un riesgo y la necesidad de protegerla y conservarla, porque lo material se puede recuperar.

Lavell, (2008), ha expresado que *el riesgo es el producto de la interrelación de amenazas y vulnerabilidades es, al final de cuentas, una construcción social, dinámica y cambiante, diferenciado en términos territoriales y sociales. Lo anterior se explica por el hecho de que las vulnerabilidades, la exposición y las amenazas no son estáticas.*

3.2. Interrelación entre el Cambio Climático y el Riesgo a Desastres

El informe especial del IPCC denominado SREX (Lavell, A et. Al 2012) forma parte del Vto informe del IPCC (2013), en el cual participaron los principales expertos en gestión de riesgos del mundo y América Latina, de su lectura se derivan las siguientes enseñanzas:

1. En América Latina, sin tomar en cuenta al cambio climático, el riesgo a desastres continuará aumentado en muchos países, a medida que más personas y activos vulnerables estén expuestos a los eventos climáticos extremos, como es el caso, por ejemplo, en los crecientes asentamientos informales en Colombia, Venezuela y Perú, entre otros países.
2. En base a datos disponibles desde el año 1979 en adelante, la evidencia sugiere que el clima ha variado, así como la magnitud y frecuencia de algunos eventos meteorológicos y climáticos extremos. Aunque sigue siendo muy difícil atribuir eventos individuales al cambio climático.

3. En las próximas dos o tres décadas, se prevé que el aumento en los extremos climáticos probablemente sea relativamente menor en comparación de las variaciones normales en tales eventos extremos de año a año. Sin embargo, a medida que se vuelvan más dramáticos los impactos del cambio climático, sus efectos en una gama de extremos climáticos en América Latina y el Caribe se harán cada vez más importantes y desempeñarán un rol más significativo en los impactos de los desastres.

4. Los altos niveles de vulnerabilidad, combinados con la exposición a eventos meteorológicos y climáticos más severos y frecuentes, podrán hacer que sea más difícil vivir y trabajar en algunos lugares de la región

5. Necesita establecerse un nuevo equilibrio entre las medidas para reducir los riesgos, transferir los riesgos (por ejemplo, mediante seguros) y más efectivamente hacer los preparativos y la gestión de los impactos de desastres frente a un clima cambiante.

6. Las medidas existentes para la gestión del riesgo necesitan mejorarse, ya que muchos países están mal adaptados hasta para los actuales eventos extremos y riesgos, de manera que no están preparados para el futuro. Esto incluiría una amplia gama de medidas como sistemas de alerta temprana, planificación del uso del suelo, desarrollo y aplicación de códigos de construcción, mejoras en la vigilancia sanitaria, o gestión y restauración de ecosistemas.

7. La capacidad de los países para enfrentar las tendencias observadas y proyectadas en el riesgo de desastre se determina por la eficacia de su sistema nacional de gestión del riesgo. Tales sistemas incluyen los gobiernos nacionales y sub-nacionales, el sector privado, entidades investigativas, y la sociedad civil, incluyendo organizaciones comunitarias de base.

8. Cualquier demora en la mitigación de los gases de efecto invernadero probablemente conllevará extremos climáticos más severos y frecuentes en el futuro y probablemente contribuirán a más pérdidas por desastres. Fuente: (Informe Especial SRX Lavell, A, et. Al. (2012)

En resumen, el Cambio climático implica un riesgo cambiante, porque tanto los cambios en la vulnerabilidad y la exposición, como los cambios en los eventos extremos, meteorológicos y climáticos, pueden contribuir y combinarse para generar riesgos de desastres, y por ello la necesidad de incorporar la gestión del riesgo de desastres (GRD) y también la adaptación al cambio climático (ACC) dentro de los procesos del desarrollo

3.3. Evaluación del riesgo a desastres.

Con el avance del conocimiento y la experiencia adquirida a través de los desastres ocurridos, el enfoque de evaluación que más se utiliza es el probabilístico. O sea, la posibilidad de que ocurra una pérdida en comparación con todas las pérdidas posibles que pudieran ocurrir, por tanto, una evaluación del riesgo lleva implícito dos cosas: primero un profundo conocimiento de las diferentes amenazas que representan diferentes riesgos asociados con diversos niveles de frecuencia e impacto, y segundo: como entender las implicaciones de estas diferentes amenazas y el modo en que se interrelacionan con los factores causales de la vulnerabilidad y la exposición, para crear patrones riesgos específicos.

El enfoque probabilístico ha sido muy utilizado por el sector comercial para los seguros y analizan riesgos específicos, sobre todo en los países de ingresos más altos, aunque la mayoría de estos métodos están protegidos por patentes.

Otro de los métodos utilizados es el de la pérdida anual esperada (PAE). Esta es la pérdida promedio que se espera cada año teniendo en cuenta todos los eventos que podrían ocurrir durante un largo período de tiempo. Se trata de un parámetro compacto que, a diferencia de las estimaciones históricas, la PAE tiene en cuenta todos los desastres que podrían ocurrir en el futuro, incluso las grandes pérdidas asociadas con períodos medios y altos de retorno, por lo tanto, superan las estimaciones derivadas de los datos históricos de pérdidas ocasionadas por desastres.

También en la región centroamericana se dispone de experiencia basada en un proyecto financiado por el Banco Mundial que utiliza una plataforma de riesgo multi-amenaza elaborada en código abierto, que se conoce con el nombre de las siglas CAPRA.

Cardona (1996) considera que el alcance de los estudios y el tipo de metodología para la evaluación de la amenaza, la vulnerabilidad y el riesgo dependen de:
- *La escala del espacio geográfico involucrado.*
- *El tipo de decisiones de mitigación que se esperan tomar.*
- *La información disponible, factible y justificable de conseguir.*
- *La importancia económica y social de los elementos expuestos.*
- *La consistencia entre los niveles de información posibles de obtener en cada etapa de la evaluación.*

Lo anterior hace comprensible que una evaluación del riesgo es una tarea compleja, multidisciplinar e interdisicplinar, que permite sumar partes de conocimientos al propio proceso de evaluación y que, dada las circunstancias anteriores, no siempre se pueden utilizar las mismas variables.

La modelación del riesgo depende de un conjunto de datos de entrada que, en dependencia de su calidad, aumentan o disminuyen los niveles de incertidumbre. En términos generales y en dependencia de la existencia o no de datos actualizados, se utilizan datos indirectos y el criterio de los expertos lo que aumenta el nivel de incertidumbre en los resultados de la modelación.

El Desastre: Se conoce el desastre como los efectos sociales que se producen debido alteraciones intensas, graves y extendidas en las condiciones normales de funcionamiento de un grupo humano, que tiene como origen una amenaza que coincide con la vulnerabilidad de una población. Los tipos de impactos que ocasionan los desastres llevan implícito perdidas (de vida, de bienes colectivos individuales), así como daños a la salud de la población y en el medio ambiente, por lo que siempre requiere una respuesta inmediata de las autoridades y de la población para atender los afectados y restablecer el mínimo de condiciones de vida, mientras se produce la recuperación.

El desastre se debe a **la excedencia del nivel de riesgo aceptable,** y esa excedencia es producida por los seres humanos, por tanto, **LOS DESASTRES NO SON NATURALES,** aunque el evento generador sea de origen natural.

3.3. Los escenarios del riesgo a desastres

La incorporación de la prospectiva[6] en la gestión del riesgo, y específicamente en los riesgos climáticos marca un paso de avance científico importante en esta disciplina, pues supera la visión estática del riesgo que existía en el pasado y permite reconocer que el riesgo de hoy es consecuencia de una vulnerabilidad real de hoy con respecto amenazas estimadas para hoy, pero el riesgo de mañana dependerá de la vulnerabilidad de los escenarios de mañana y de las amenazas estimadas para mañana, tal y como se ilustra en la siguiente figura. La imagen ilustra cómo puede variar el riesgo a través de los escenarios .

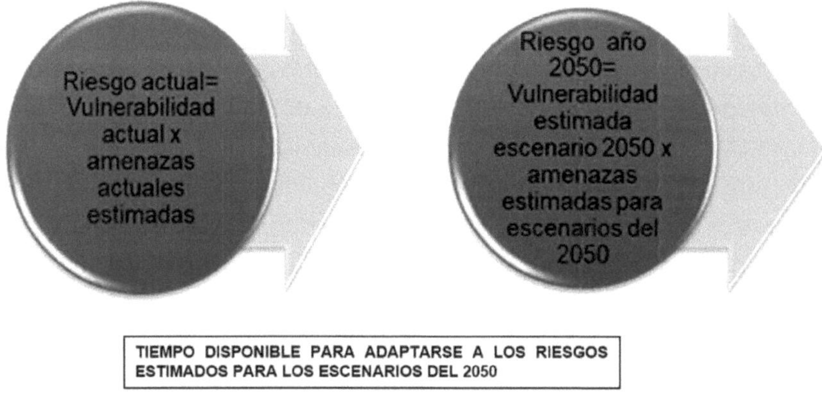

Figura 3.3. El riesgo varía según los escenarios debido a cambios en la amenaza, exposición o vulnerabilidad.

---

[6] La prospectiva se define como la ciencia que se dedica al estudio de las causas técnicas, científicas, económicas y sociales que aceleran la evolución del mundo moderno, y la previsión de las situaciones que podrían derivarse de sus influencias conjugadas.

La Convención Marco de Naciones sobre el Cambio Climático o también UNFCCC (2007), reconoce que las amenazas pueden cambiar para diferentes escenarios, al igual que la vulnerabilidad puede cambiar en el tiempo, en la medida que una sociedad desarrolle o mejore su capacidad de adaptación. Esto permite incorporar un criterio muy novedoso sobre la evaluación prospectiva del riesgo, mediante el establecimiento de escenarios de riesgos, sobre la base de escenarios de calentamiento (ya predichos) y establecimientos de escenarios de vulnerabilidad.

3.3.1. Construcción de un escenario de riesgo climático

Las principales etapas para evaluar el riesgo climático futuro, basado en la metodología de la UNFCC (2002) para evaluar la vulnerabilidad se sustenta en las siguientes fases:
1. Construcción de un escenario de línea base seleccionando indicadores de amenaza, vulnerabilidad y exposición.
2. Construcción de escenarios temporales utilizando los mismos indicadores de la línea base.
3. Establecer los impactos para cada escenario.
4. Proponer las medidas de corrección y adaptación pertinentes según los impactos.

En la siguiente tabla se esquematiza en forma de ejemplo el proceso de evaluación del riesgo climático a partir de la construcción de escenarios de riesgos para un caso hipotético

Tabla 3.1: Ejemplo ilustrativo de los aspectos a considerar para construir un escenario de riesgo

Tipo de escenario/escala					Impac tos
Indicadores	**Parámetros**	**Línea Base**	**2050**		
			Escenari o 4.5	**Escena rio 6.5**	
Indicadores de amenaza					
Inundaciones	Precipitación en mm Eventos extremos				
Deslizamientos					
Olas de calor	Temperatura y Humedad				
Indicadores de vulnerabilidad	Crecimiento poblacional Crecimiento urbano no controlado Red de drenaje pluvial Desechos sólidos Otros				
Indicadores de exposición	Población expuesta Infraestructura vital expuesta				
Nivel de riesgo	Combinación de valores de amenaza, vulnerabilidad y exposición				

Obsérvese en la tabla anterior que se basa en un caso hipotético, como se puede evaluar el riesgo creciente o cambiante, entre un riesgo de línea base y escenarios de riesgos futuros inducidos por el cambio climático.

La diferencia de vulnerabilidades, exposición y amenazas para los
escenarios futuros permiten dar las pautas para determinar los
impactos y con ellos, las medidas de adaptación que deben iniciarse
desde la línea base para que se generen las capacidades de
adaptación a un riesgo creciente.

Con la intención de analizar cuáles son los principales
constituyentes de la vulnerabilidad según la percepción de diversos
autores, se elaboró una lista comparativa, en la cual se han
seleccionado diversas posiciones, épocas y enfoques con el
propósito de identificar de forma preliminar cuáles pueden ser las
principales variables relacionadas con la vulnerabilidad que son
utilizadas por Chardon (1997), Cardona (2001), Mc Entire (2005),
Wilches-Chaux (1989), IPCC (2002).

El resumen arrojó lo siguiente:

Factores físicos:
- Proximidad de personas y propiedades a agentes desencadenantes.
- Construcción inadecuada de edificios.
- Previsión inadecuada en el diseño de la infraestructura.
- Degradación ambiental.

Factores sociales:
- Educación limitada.
- Rutina inadecuada de emergencias y cuidado de la salud.
- Migración masiva y no planificada a áreas urbanas.
- Marginalización de grupos e individuos específicos.

Factores culturales:
- Apatía pública hacia los desastres.
- Desafío a las medidas de precaución y a las regulaciones.
- Pérdida de medidas tradicionales para enfrentar desastres.

- Dependencia y ausencia de responsabilidad personal.

Factores políticos:
- Mínimo apoyo a los programas de desastre.
- Incapacidad de reforzar o fomentar pasos para la mitigación.
- Centralización de la toma de decisiones.
- Debilidad o aislamiento de las instituciones de desastres.

Factores económicos:
- Divergencia creciente en la distribución del ingreso.
- Búsqueda de ganancias sin pensar en las consecuencias.
- Fallas en los sistemas de seguros.
- Recursos disgregados para prevención, planificación y gestión.

Factores tecnológicos:
- Exceso de confianza en los sistemas de alerta.
- Descuido en la producción industrial.
- Falta de previsión respecto a equipos y programas computacionales.

Es importante significar que la vulnerabilidad debe construirse sobre variables características de cada lugar, grupo humano, tipo de amenaza, grado de exposición, o sea la medición de la vulnerabilidad, no se debe prefabricar.

3.4. Impactos del cambio climático

El Impacto: es el efecto o daño producido o potencial de una amenaza, en este caso climática. Los impactos que se podrían manifestar asociados al cambio climático se pueden valorar para los sistemas biofísicos, por los cambios en la productividad, en la calidad o en los números o rangos poblacionales de ecosistemas, especies, poblaciones, entre otros, mientras que en los sistemas sociales el impacto se puede medir como un cambio en los valores (por ejemplo, ganancia o pérdida de ingresos), en la morbilidad, en la mortalidad o muchas otras variables que permiten medir la calidad de vida del ser humano.

Los impactos se manifestarán según el nivel de riesgo. Precisamente debido a las confusiones que suelen presentarse a menudo entre Amenaza, Riesgo e Impactos, a continuación, se ilustra una tabla donde se ponen de manifiesto la relación entre amenaza, riesgo e impacto.

Tabla 3.2. Relación entre amenaza, riesgo e impactos.

Amenaza primaria	Amenaza concatenada	Riesgo	Cadena de impactos	
Reducción significativa de las precicpita-ciones	Disminución de la disponibilidad de agua	Población expuesta y vulnerable	Aumento de las enfermedades de origen hídrico	Increme nto de los costos de salud
		Agricultura expuesta y vulnerable	Inseguridad alimentaria Pérdidas económicas	Increme nto de los costos de salud Emigraci ón
		Recursos Natura	Pérdidas económicas.	Emigraci ón

		les (Bosques y biodiversid ad expues tos y vulnerables	Degradación del suelo Pérdidas de servicios ambientales Inseguridad alimentaria	
	Incendios forestales	Agricultura expuesta y ganadería vulnerables	Pérdidas económicas. Degradación del suelo	Inserguri dad alimenta ria Emigraci ón

Con el propósito de disminuir los niveles de riesgo y con ello reducir los impactos ante el cambio climático, el Informe SREX (Lavell A. et. Al, (2012), sugiere lo siguiente:

1. *Existe la necesidad de que los países reevalúen su vulnerabilidad y exposición para poder manejar mejor el riesgo de desastre. Es necesario que esto se integre plenamente en los procesos de planificación.*

2. *Existe la necesidad de nuevos diagnósticos del riesgo de desastre que tomen en cuenta el cambio climático. Esto posiblemente requiera que los países y las personas reevalúen su pensamiento sobre los niveles de riesgo que están dispuestos a aceptar y que son capaces de soportar.*

3. *Será importante fortalecer las nuevas y existentes alianzas para reducir el riesgo.*

4. *Es necesario fortalecer la integración de mecanismos financieros y programáticos para sostener la adaptación y gestión del riesgo en todos los sectores del desarrollo.*

5. *Será importante resaltar el riesgo de desastre cambiante relacionado con el clima para las/los formuladores de políticas regionales que trabajan en otros dominios de las políticas públicas.*

6. *Es menester reafirmar la importancia de mitigar los gases de efecto invernadero a nivel mundial para evitar los peores extremos climáticos y los asociados impactos en América Latina y el Caribe.*

7. *Tiene que considerarse que, en algunos casos, los eventos climáticos extremos de hoy serán el clima 'normal' del mañana. Por lo tanto, los eventos climáticos extremos del mañana posiblemente superen a lo que nos hemos imaginado, desafiando nuestra capacidad de manejar los cambios, de una manera sin precedentes.*

8. *Se necesitan políticas de desarrollo y económicas mucho más inteligentes, que consideren el riesgo de desastre cambiante como un componente clave. Sin esto, es probable que un número creciente de personas y activos sean impactados adversamente por los futuros eventos extremos climáticos y desastres.*

3.4.1. Impactos observados del cambio climático

Como resumen del Vto Informe del IPCC (2014), el Reporte Especial sobre 1.5 grados, IPCC (2019a), y el Reporte especial de Criosfera y Océanos (2019b) se pueden deducir los impactos debido al cambio climático.

Los informes reconocen que los impactos no se manifiestan de la misma manera en las diferentes regiones el mundo, por lo que la mayoría de ellos son de carácter general.

También hay que considerar que la tarea de identificar impactos directamente atribuibles al cambio climático es mucho más compleja, porque la variabilidad climática, en ocasiones, genera eventos que pueden ocultar los verdaderos efectos del cambio climático y por otro lado los niveles de riesgos son cambiantes.

Los impactos producidos por el cambio climático se han manifestado en todas las regiones del mundo y muchos de ellos con consecuencias irreversibles en los sistemas naturales y humanos, en los océanos, la criosfera, en los recursos hídricos y en los sistemas costeros.

Los principales impactos identificados por los informes anteriormente citados son:

- Impactos en la salud de las personas, a través de enfermedades graves.
- Alternación de los medios de subsistencia de la población debido a mareas meteorológicas, la elevación del nivel del mar y las inundaciones costeras; inundaciones continentales en algunas regiones urbanas; y períodos de calor extremo.
- Impactos ocasionados por riesgos sistémicos debido a episodios meteorológicos extremos que provocan el colapso de redes de infraestructuras y servicios esenciales.
- Impactos en la seguridad alimentaria e hídrica y pérdida de medios de subsistencia e ingresos en las zonas rurales, en particular para las poblaciones pobres.
- Impactos por la pérdida de ecosistemas y biodiversidad, y de bienes, funciones y servicios de los ecosistemas

- Los riesgos de los impactos perjudiciales para los ecosistemas y los sistemas humanos aumentan con la tasa y la magnitud del calentamiento, la acidificación del océano, la elevación del nivel del mar y otras dimensiones del cambio

- La redistribución global de las especies marinas y la reducción de la biodiversidad marina en regiones sensibles, debido a los impactos del cambio climático, ponen en peligro el mantenimiento de la productividad pesquera y otros servicios ecosistémicos, especialmente en latitudes bajas

- Se atribuye al aumento de temperatura la decoloración experimentada por los corales. En los últimos 30 años, los arrecifes de coral en todas las costas han sufrido un aumento del blanqueamiento masivo y de la mortalidad, impulsados principalmente por el calentamiento global.

- Se han identificado impactos en los sistemas hídricos, alimentarios y urbanos, la salud y seguridad humana y los medios de subsistencia en algunas regiones del mundo

- Todos los aspectos de la seguridad alimentaria están potencialmente afectados por el cambio climático, incluidos la producción y el uso de alimentos, el acceso a estos y la estabilidad de sus precios.

- En todos los continentes se han observado impactos sobre el ciclo hidrológico, que afectan a la disponibilidad de agua dulce y a su calidad. Se han registrado cambios en los caudales de los ríos, que resultan coherentes con los cambios producidos en las precipitaciones y en las temperaturas a partir de 1950.

- El área de distribución de muchas especies terrestres ha cambiado, se han confirmado desplazamientos de especies hacia los polos y en altitud.

- El cambio climático ha provocado un desplazamiento de los límites y rangos de distribución de muchas especies intermareales. El calentamiento del océano ha contribuido a los cambios observados en la distribución de hábitats costeros, como los humedales, manglares y praderas submarinas.

- Las propiedades físicas y químicas de los océanos (incluyendo la extensión de hielo marino del Ártico) han cambiado de manera significativa durante las últimas décadas, debido al cambio climático antropogénico

3.4.2. Impactos proyectados del cambio climático

El Vto Informe del IPCC (2014), el Reporte Especial sobre 1.5 grados, IPCC (2019a), y el Reporte especial de Criosfera y Océanos (2019b) han proyectado los siguientes impactos del cambio climático:

1. El cambio climático agravará los riesgos existentes y creará nuevos riesgos para los sistemas naturales y humanos. Los riesgos se distribuyen de forma dispar y son generalmente mayores para las personas y comunidades desfavorecidas de los países sea cual sea el nivel de desarrollo de estos.

2. Las crecientes magnitudes del calentamiento hacen que aumente la probabilidad de impactos graves, generalizados e irreversibles para las personas, las especies y los ecosistemas. Unas emisiones elevadas continuas conllevarían impactos en su mayoría negativos para la biodiversidad, los servicios de los ecosistemas y el desarrollo económico y agravarían los riesgos para los medios de subsistencia y para la seguridad alimentaria y humana

3. Los riesgos de los impactos perjudiciales para los ecosistemas y los sistemas humanos aumentan con la tasa y la magnitud del calentamiento, la acidificación del océano, la elevación del nivel del mar.

4. Una gran parte de las especies terrestres, dulceacuícolas y marinas afrontan un riesgo creciente de extinción debido al cambio climático durante el siglo XXI y posteriormente, especialmente porque el cambio climático interactúa con otros factores de estrés.

5. Los sistemas costeros y las zonas bajas experimentarán con mayor frecuencia fenómenos de inmersión, inundación y erosión a lo largo del siglo XXI y posteriormente, debido a la elevación del nivel del mar.

6. Según las proyecciones, cuanto mayor sea el nivel de calentamiento en el siglo XXI mayor será el porcentaje de la población mundial que experimentará escasez de agua y que se verá afectada por grandes inundaciones fluviales.

7. Las proyecciones sobre el cambio climático durante el siglo XXI indican que se reducirán los recursos renovables de aguas superficiales y aguas subterráneas en la mayoría de las regiones secas subtropicales (evidencia sólida, nivel de acuerdo alto), con lo que se intensificará la competencia por el agua entre los sectores

8. Hasta mediados de siglo, el cambio climático proyectado afectará a la salud humana principalmente por la agravación de los problemas de salud ya existentes.

9. A lo largo del siglo XXI, se prevé que el cambio climático ocasione un incremento de enfermedades en muchas regiones y especialmente en los países en desarrollo de bajos ingresos, en comparación con el nivel de referencia sin cambio climático.

10. En las zonas urbanas, las proyecciones indican que el cambio climático incrementará los riesgos para las personas, los activos, las economías y los ecosistemas, incluidos los riesgos derivados del estrés térmico, las tormentas y precipitaciones extremas, las inundaciones continentales y costeras, los deslizamientos de tierra, la contaminación del aire, las sequías, la escasez de agua, la elevación del nivel del mar y las mareas meteorológicas.

11. Los riesgos serán mayores para las personas que carezcan de infraestructuras y servicios esenciales o vivan en zonas expuestas a las amenazas del cambio climático.

12. Se prevé que las zonas rurales se manifiestan importantes impactos en cuanto a la disponibilidad y abastecimiento de agua, la seguridad alimentaria, la infraestructura y los ingresos agrícolas, incluidos cambios en las zonas de cultivos alimentarios y no alimentarios en todo el mundo.

13. Las proyecciones indican que el cambio climático hará que aumenten las personas desplazadas.

14. La acidificación del océano continuará durante siglos si continúan las emisiones de CO2, afectará intensamente a los ecosistemas marinos (nivel de confianza alto), y el impacto se verá exacerbado por las temperaturas extremas cada vez mayores.

Finalmente, IPCC (2014) afirma que la *estabilización de la temperatura en superficie media global no implica la estabilización de todos los aspectos del sistema climático. Los biomas cambiantes, el reequilibrio del carbono en el suelo, los mantos de hielo, las temperaturas de los océanos y la elevación del nivel del mar tienen su propia escala temporal intrínseca, que dará lugar a cambios continuos durante cientos a miles de años aun después que la temperatura global en superficie se haya estabilizado*

Capítulo 4. Adaptación y sus límites; Necesidad de Mitigación y sus restricciones ante el Cambio Climático.

4.1. La Adaptación al cambio climático

La Adaptación; para los sistemas humanos, se define como el proceso de acomodamiento al clima efectivo o previsto y sus efectos, para moderar los perjuicios o explotar las oportunidades beneficiosas. Mientras que, en los sistemas naturales, el proceso de acomodamiento al clima efectivo y sus efectos; la intervención humana puede facilitar el acomodamiento al clima previsto. (Lavell A. et, al, 2012).

La definición se refiere al necesario proceso de transformación que debe producir el ser humano, para disminuir los impactos negativos previstos o aprovechar los beneficios que se puedan producir por el cambio del clima. Este proceso de transformación se relaciona mucho con las capacidades para enfrentar los desastres y sobretodo con la capacidad del ser humano para transformar sus acciones y conductas en relación a la exposición, vulnerabilidad y al desarrollo de un nuevo tipo de relación con la naturaleza.

Tompkins et al., (2010) amplia la definición cuando expresa que la adaptación *consiste en reducir riesgos y vulnerabilidades, buscando oportunidades y construyendo la capacidad de naciones, regiones, ciudades, sector privado, comunidades, individuos, y sistemas naturales para enfrentarse con los impactos climáticos; así como movilizar esa capacidad implementando decisiones y acciones*

La humanidad no tiene una experiencia precedente para enfrentar las amenazas del cambio climático, desconocidas la mayoría de ellas, lo que hace más complejo el proceso de transformación (adaptación) tomando en cuenta las diferentes barreras que actúan como limitantes para la adaptación, que se comentan más adelante. Si se otorga una prioridad a la reducción de las emisiones de gases efecto invernadero, o sea, la mitigación, entonces se reducirá la necesidad de adaptación en el futuro, resultando mucho más barato lo primero en relación a lo segundo. Lo más práctico sería combinar medidas de adaptación y mitigación que se complementen y creen sinergias en sectores como la agricultura y desarrollo forestal, edificios, recursos hídricos e infraestructura urbana, que tienen grandes potenciales de trasformación.

También integrando la gestión de riesgos a desastres con la adaptación al cambio climático en las políticas, planificación y en las prácticas de desarrollo, según reconoce IPCC (2014) que en varios países, la prioridad para la adaptación a los cambios futuros del clima consiste en reducir la vulnerabilidad al clima presente, entonces se puede afirmar que la gestión de riesgo desastres es la herramienta primaria y complementaria para la adaptación al cambio climático, sobre todo en aquellas regiones muy expuestas a eventos climáticos extremos y la elevada vulnerabilidad de la población y los medios de vida. Ambos enfoques deben analizarse de forma complementaria y no de forma individual.

En este sentido Lavell A. et Al. (2012), afirman *Tanto la adaptación al cambio climático, como la gestión del riesgo a desastres buscan reducir los factores y transformar los contextos ambientales y humanos que contribuyen al riesgo mediante la promoción de prácticas de desarrollo sostenibles. Ambas prácticas incluyen el aprendizaje y tienen componentes correctivos y prospectivos que tratan los riesgos actuales y futuros.*

Es muy importante considerar que no pueden diseñarse medidas de adaptación que sean adecuadas de carácter general para cualquier contexto, ya que la vulnerabilidad, la exposición y los impactos obedecen a contexto específicos y son cambiantes en el tiempo.

La adaptación al cambio climático es un proceso que tiene oportunidades y limitantes que dificultan la planificación e implementación de las opciones de adaptación y que son imprescindibles reconocerlas a la hora de elaborar planes, estrategias y políticas de adaptación. La CEPAL (2015), clasifica las limitantes en ocho categorías:

- Limitantes de conocimiento y tecnología: la falta de conocimiento, la falta de acceso a la Información y la dificultad para acceder a la misma son limitantes severas para la adaptación. Esta dificultad puede estar relacionada con la de escala entre la información disponible y la necesaria, así como otras dificultades relacionadas con la resolución, la calidad de las series, así como la carencia de estudios sobre impactos y vulnerabilidad
- Limitantes físicas: la tasa y magnitud del cambio climático y las características del entorno local pueden limitar la adaptación en ciertos territorios con caracteres ambientales y sociales diferentes. Esto se puede apreciar en territorio que tienen por ejemplo una predisposición natural a la sequía.
- Limitantes biológicas: la tolerancia biológica de las especies a la temperatura y la humedad puede ser una limitante para la adaptación, ya que muchas especies de forma natural migrarán hacia condiciones climáticas más aptas.

- Limitantes económicas: la falta de acceso a los recursos económicos, la tendencia del desarrollo económico y la dinámica de corto plazo de los sistemas económicos pueden limitar la capacidad de adaptación.
- Limitantes financieras: el acceso al capital financiero puede limitar la implementación de la adaptación.
- Limitante de recursos humanos: los recursos humanos constituyen la base para la obtención de información, la adopción y el uso de la tecnología, así como el liderazgo en cuanto a la priorización de las políticas y medidas de adaptación y su aplicación.
- Limitantes de gobernanza e institucionales: la capacidad de las instituciones es un factor clave que potencialmente puede limitar el proceso de adaptación.

Según Noble et al., (2014), La capacidad de adaptarse al cambio climático depende de una serie de factores, entre los que se destacan:

1. Lograr un entendimiento de las posibles amenazas climáticas actuales y futuras basadas en proyecciones de modelos y escenarios climáticos.
2. Cuando no exista información de proyecciones futuras, se deben identificar las amenazas ya conocidas que, por lo general, están disponibles en diferentes fuentes de información, ya que el proceso de adaptación debe iniciar considerando las respuestas que sean brindado a la variabilidad climática actual.
3. Promover capacidades de observación y registro para identificar y documentar tendencias o cambios que puedan constituir "alertas tempranas".
4. Al adoptar un enfoque basado en la gestión de riesgos, será necesario valorar las amenazas y vulnerables a la variabilidad climática actual

5. La difusión de información acerca del cambio climático y sus consecuencias potenciales, permiten crear condiciones para la adaptación.
6. La participación de todos los sectores son claves y es imprescindible participar en la formulación de estrategias y/planes para mejorar la capacidad de adaptación a la variabilidad climática actual y al cambio climático futuro.

En el capítulo 14 del último informe del IPCC (Noble et al., 2014) se sintetizan una serie de consideraciones al momento de seleccionar las opciones de adaptación que pueden ayudar en el proceso de selección:

1. *Que sea efectiva (para reducir la vulnerabilidad y aumentar la resiliencia[7], eficiente (aumenta beneficios y reduce costos), equitativa (especialmente para los grupos más vulnerables) y pertinente (adecuado al ámbito y el momento)*
2. *Que esté integrada en objetivos, programas y actividades de mayor alcance.*
3. *Que cuente con la participación, el compromiso, y el apoyo de los usuarios.*
4. *Que sea consistentes con las normas sociales y las tradiciones.*
5. *Que sea sustentable (sostenibilidad ambiental e institucional).*
6. *Que sea flexible y receptiva a la retroalimentación y el aprendizaje.*

---

7 Resiliencia: es la capacidad de un sistema social o ecológico para absorber perturbaciones, manteniendo la estructura básica y los modos de funcionamiento, la capacidad de auto-organización y la capacidad de adaptarse al estrés y el cambio.

7. *Que evite la adaptación inadecuada o mala adaptación.*
8. *Que sea robusta para un amplio rango de escenarios climáticos y sociales.*
9. *Que se disponga de los recursos necesarios para llevarla a cabo (información, financieros, liderazgo, capacidad de gestión).*
10. *Que sea coherente y con efectos sinérgicos con otros objetivos como mitigación*

4.4.1. Opciones de adaptación al cambio climático

Con anterioridad se ha resaltado que las medidas de adaptación no son susceptibles de generalizar debido a su carácter específico de cada región, país, lugar, etc. Sin embargo, las medidas u opciones de adaptación deben responder a impactos específicos, por ello se muestra como referencia el trabajo de asociación de impactos con opciones de adaptación de carácter global realizado por el Vto informe del IPCC (2014c)

Tabla 4.1. Muestra los riesgos globales claves y las cuestiones de adaptación y perspectivas.

Riesgo clave	Cuestiones de adaptación y perspectiva
Contracción del sumidero de carbono terrestre: El carbono almacenado en los ecosistemas terrestres puede disiparse de vuelta en la atmósfera, como resultado de un aumento en la frecuencia de los incendios debido al cambio climático y la sensibilidad de la respiración de los ecosistemas al aumento de las temperatura	Entre las opciones de adaptación se encuentran: la gestión del uso del suelo (incluida la deforestación), los incendios y otras perturbaciones, y otros factores de estrés no climáticos.

Punto crítico boreal: Los ecosistemas árticos son vulnerables al cambio abrupto relacionado con el deshielo del permafrost, la diseminación de arbustos en la tundra y el aumento de plagas e incendios en los bosques boreales	Hay pocas opciones de adaptación en el Ártico.
Mayor riesgo de extinción de especies: Una gran proporción de las especies evaluadas es vulnerable a la extinción debido al cambio climático, a menudo en interacción con otras amenazas. Las especies con una tasa de dispersión inherentemente baja, especialmente cuando ocupan paisajes llanos donde la velocidad climática proyectada es alta, y las especies en hábitats aislados como cimas de las montañas, islas o pequeñas áreas protegidas se encuentran en situación especial de riesgo. Los efectos en cascada a través de las interacciones entre organismos, especialmente los vulnerables a los cambios fenológicos, hacen que aumente el riesgo	Entre las opciones de adaptación se encuentran: la disminución de la modificación y fragmentación de los hábitats, la contaminación, la sobreexplotación y las especies invasoras; la ampliación de áreas protegidas; la dispersión asistida; y la conservación ex situ.
Menor crecimiento y supervivencia de mariscos de valor comercial y otros organismos calcificadores (p. ej., corales que forman arrecifes y algas rojas calcáreas) debido a la	Existe evidencia de resistencia diferencial y adaptación evolutiva de algunas especies, pero es probable que esas capacidades estén limitadas a concentraciones más elevadas de CO_2 y mayores temperaturas. • Entre las opciones de adaptación se encuentran la

acidificación del océano	explotación de especies más resilientes o la protección de los hábitats con bajos niveles naturales de CO2, así como la disminución de otros factores de estrés, principalmente la contaminación, y la limitación de las presiones del turismo y la pesca.
Pérdida de biodiversidad marina con alta tasa de cambio climático	Las opciones de adaptación se limitan a reducir otros factores de estrés, principalmente la contaminación, y a disminuir las presiones de las actividades humanas costeras como el turismo y la pesca.
Impactos negativos en el promedio de los rendimientos de los cultivos y aumentos en la variabilidad de rendimientos debido al cambio climático	Los impactos proyectados varían en los distintos cultivos y regiones y los escenarios de adaptación; alrededor del 10% de las proyecciones para el período 2030-2049 muestran ganancias en el rendimiento de más del 10%, y alrededor del 10% de las proyecciones muestran pérdidas de rendimiento superiores al 25% en comparación con el final del siglo XX. El riesgo de impactos más severos en el rendimiento aumenta después de 2050 y depende del nivel del calentamiento.
Riesgos urbanos asociados con los sistemas de suministro de agua	Entre las opciones de adaptación se encuentran cambios en la infraestructura de la red así como gestión desde la perspectiva de la demanda para garantizar un suministro suficiente de agua con calidad adecuada, mayores capacidades para gestionar la menor disponibilidad de agua dulce y reducción del riesgo de inundaciones
Riesgos urbanos asociados con sistemas energéticos	La mayoría de los centros urbanos consumen mucha energía, y las políticas climáticas relacionadas con la energía se centran únicamente en medidas de mitigación. Algunas ciudades tienen iniciativas de adaptación en curso para sistemas energéticos esenciales. Hay

	potencial para poner en práctica sistemas energéticos no adaptados y centralizados para intensificar los impactos, lo que hace que los episodios extremos localizados repercutan a nivel nacional y transfronterizo.
Riesgos urbanos asociados con la vivienda	Una vivienda de baja calidad e inadecuadamente ubicada generalmente es más vulnerable a los episodios extremos. Entre las opciones de adaptación se encuentran la aplicación de la reglamentación en materia de vivienda y la modernización. Algunos estudios sobre ciudades muestran las posibilidades de adaptar la vivienda y promover simultáneamente la mitigación, la adaptación y la elaboración de objetivos. Las ciudades que crecen con rapidez, o las que se reconstruyen tras los desastres, tienen especialmente oportunidades para aumentar su resiliencia, aunque raras veces esto se realiza. Sin adaptación, los riesgos de pérdidas económicas a raíz de episodios extremos son sustanciales en las ciudades con infraestructura y viviendas de gran valor, y esto puede traer consigo efectos económicos más amplios.
Desplazamiento asociado con episodios extremos	La adaptación a los episodios extremos se comprende bien, pero se pone en práctica de un modo deficiente, incluso bajo las actuales condiciones climáticas. El desplazamiento y la migración involuntaria a menudo son temporales. Con el aumento de los riesgos climáticos, es más probable que el desplazamiento implique una migración permanente.
Violentos conflictos derivados del deterioro de los medios de subsistencia	Opciones de adaptación: • Amortiguamiento de los ingresos rurales contra las sacudidas del clima, por

que dependen de los recursos como la agricultura y el pastoreo	ejemplo mediante la diversificación de los medios de subsistencia, las transferencias de ingresos y la provisión neta de seguridad social • Mecanismos de alerta temprana para promover la reducción eficaz de los riesgos • Estrategias bien establecidas de gestión de conflictos violentos que sean eficaces aunque requieran importantes recursos, inversión y voluntad política
Disminución de la productividad del trabajo, mayor morbilidad (p. ej., deshidratación, golpe de calor y agotamiento por calor) y mortalidad por exposición a olas de calor. Particularmente en riesgo se encuentran los trabajadores de la agricultura y la construcción y los niños, las personas sin hogar, los mayores y las mujeres que tienen que caminar largas horas para recoger agua	Las opciones de adaptación son limitadas para las personas que dependen de la agricultura y no pueden permitirse maquinaria agrícola • Las opciones de adaptación son limitadas en el sector de la construcción donde muchas personas pobres trabajan en condiciones inseguras • Los límites de la adaptación se pueden sobrepasar en determinadas zonas en un mundo con +4 °C.
Menor acceso al agua para las personas pobres de las zonas rurales y urbanas debido a escasez de agua y mayor competencia por el agua	La adaptación mediante la reducción del uso del agua no es una opción para las muchas personas que ya carecen de un acceso adecuado al agua salubre. El acceso al agua está sometido a diversas formas de discriminación, por ejemplo, por género y por ubicación. Los usuarios del agua pobres y marginados son incapaces de competir por la extracción de agua con las industrias, la agricultura a gran escala y otros usuarios poderosos

Fuente: tomada de IPCC (2014c) pp 66-67

Los sectores objeto de adaptación pueden ser entre otros:
- Costas
- Agricultura

- Biodiversidad y recursos naturales.
- Recursos hídricos.
- Asentamientos Humanos.
- Salud humana.

Según diversas bibliografías se han recopilado un conjunto de opciones de adaptación de carácter general para algunos de los sectores anteriormente mencionados.

Opciones generales de adaptación en las costas.

La adaptación en las costas debe enfocarse dentro de un proceso de manejo integrado de zonas costeras, el cual debe incluir algunas de las siguientes medidas: (Linham M, Nicholls R. (2010):

- Aumento de la fuerza de los diseños infraestructurales y las inversiones a largo plazo. La infraestructura que presta servicios de protección y abrigo de la población debe ser diseñada para resistir los acontecimientos extremos más intensos y frecuentes.

- Las zonas expuestas deben mejorar su capacidad de resiliencia mediante la eliminación de las causas que originan estrés sobre los recursos alimentarios. Por ejemplo, la diversificación de patrones alimenticios de la población costera y la diversificación de cultivos, aliviando la dependencia alimentaria de los productos del mar.

- No permitir el desarrollo de inversiones en zonas altamente amenazadas próximas a las costas. Por ejemplo, los desarrollos en llanuras de inundación pueden aumentar el número de personas y la cantidad de propiedades en áreas costeras bajas vulnerables al aumento del nivel del mar y a tormentas costeras.

- Trabajar por mejorar los conocimientos, preparación y previsión sociales. La educación sobre los riesgos del cambio climático y cómo reducirlos o reaccionar ante ellos puede ayudar a reducir vulnerabilidad.
- Desarrollar un eficiente sistema de alerta temprana.
- Recuperación de tierras frente a la costa para permitir el desarrollo de nuevos espejos de agua dulce.
- Extracción de agua subterránea salina para reducir la afluencia e infiltración.
- Infiltración de agua dulce superficial.
- Inundación de áreas bajas.
- Ensanchamiento de áreas de dunas existentes donde ocurre la recarga natural de agua subterránea.
- Creación de barreras físicas.

Opciones generales de adaptación en la agricultura.

Las opciones de adaptación en la agricultura pueden ser diversas y extensas dependiendo de las condiciones locales, el tipo de suelo, los propios escenarios climáticos previstos, vulnerabilidad y exposición.

A continuación, se relacionan algunas opciones:
- Utilización, validación y homologación de modelos tecnológicos para la producción tanto agrícola, como ganadera, basada en la elevación de la productividad.
- Alternabilidad en el calendario de siembras con la implantación de proyectos de riego y utilización de tecnologías adecuadas.
- Promoción de tecnologías de labranza mínima (evitando la quema de residuos de cosechas), difundiendo prácticas de ciclos productivos cerrados.

- Optimización del agua de riego y del uso de fertilizantes, mediante el mejor uso del suelo y de las tierras agropecuarias, la recuperación de tierras erosionadas, incrementando la productividad para evitar el avance de la frontera agrícola.
- Para la producción de arroz, el mejoramiento genético en las variedades usadas que disminuyen el período vegetativo, manejo de agua, fertilización y beneficio de la cosecha, dando mejor uso a los sub-productos, como la cáscara de arroz, en procesos agroindustriales.
- Selección de cultivos que sean resistentes a sequías o calor, resistentes a plagas y variedades de maduración más rápida (o más lenta) de acuerdo al ciclo climático.
- Cambiar la fecha de siembra.
- Incorporar terrazas, camellones para retención de humedad y materia orgánica.
- Uso de arado profundo para romper estratos impermeables y para aumentar la infiltración.
- Cambio de prácticas de barbecho y cobertura.
- Alternar cultivos para evitar aumento de sequías en verano.
- Invertir épocas de cultivos para reducir infestación de malezas.
- Alterar espaciamiento entre filas y plantas para aumentar la extensión radicular hasta el agua del suelo
- Captación de agua para aumentar disponibilidad hídrica.

Opciones generales de adaptación para los recursos naturales y biodiversidad. UICN (2012).

Algunas opciones de adaptación en relación a los bosques y los recursos naturales son:

- Plantaciones forestales de protección: se trata de formar masas forestales para controlar los procesos erosivos, regular el régimen hídrico, captar CO2 y disminuir su vulnerabilidad frente al cambio climático.
- Protección forestal contra incendios mediante la difusión e implementación de actividades de prevención y control, para disminuir el nivel de ocurrencia de incendios forestales en un escenario de cambio climático previsible.
- Protección forestal contra plagas y enfermedades.
- Desarrollo rural integral en cuencas hidrográficas considerando el manejo sustentable de las
- cuencas hidrográficas para preservar el recurso suelo, la vegetación y el agua.
- Difundir e implementar sistemas agroforestales incrementando la utilización de especies forestales en las áreas agrícolas para mejorar la productividad y frenar el deterioro del recurso suelo por efecto de la erosión eólica e hídrica, y a la vez incrementar la cobertura vegetal en áreas críticas.
- Difundir e implementar sistemas silvopastoriles que permiten incrementar la utilización de especies forestales de usos múltiple, que proporcionen forraje y leña y disminuyan el deterioro del suelo por el sobre-pastoreo en áreas críticas.
- Fomentar la plantación de árboles y arbustos en asociación con pastizales, a fin de que las especies plantadas ofrezcan beneficios adicionales a los propietarios, como madera, leña y frutos, protección al ganado y a los pastos ante los efectos del clima, y aporte de materia orgánica a los suelos.
- Implementar medidas efectivas para disminuir el avance de la frontera ganadera.
- Conservar los remanentes boscosos para asegurar su adaptación al cambio climático.

- Manejo sustentable de bosques nativos.
- Implementar técnicas de manejo forestal para bosques nativos bajo el principio de sustentabilidad, para la obtención de productos maderables y no maderables, asegurando su conservación y la continuidad de sus procesos biológicos y contribuyendo a la adaptación al cambio climático.
- Implementar las técnicas de manejo forestal de plantaciones para la obtención de productos maderables para disminuir la presión sobre los bosques nativos.
- Fomentar el establecimiento de plantaciones forestales de calidad, propiciar su adecuado mantenimiento y reposición, con la finalidad de producir materias primas industriales y de disminuir la presión sobre los bosques nativos.
- Formular e implementar programas integrales para detener la desertificación y de esta forma preservar los recursos suelo y agua, en las zonas críticas identificadas en el estudio de vulnerabilidad.
- Proteger el suelo de procesos erosivos provocados por los fenómenos climáticos, especialmente en áreas con escasa cobertura vegetal.
- Manejo sustentable de ecosistemas frágiles, especialmente los manglares y humedales, que requieren medidas específicas según cada caso.
- Formular e implementar actividades compatibles con la conservación de ecosistemas vulnerables al cambio climático como son los páramos, humedales y manglares.
- Conservar un banco genético de especies vegetales y animales adaptadas al cambio climático.
- Conservar y proteger los recursos naturales mediante la aplicación de prácticas de manejo sustentable del agua y del suelo.

- Mecanismos basados en la biodiversidad
- Pagos basados en indicadores indirectos o representativos de la biodiversidad (p.e. la superficie de bosque no intervenido)
- Canjes de deuda por naturaleza
- Cancelación de deuda a cambio de conservación de ecosistemas
- Fondos fiduciarios de conservación
- Fondos para mejorar la gestión y asegurar la conservación de las áreas protegidas
- Desarrollo de nuevos mercados y expansión de los mercados existentes de productos y servicios respetuosos con el medio ambiente
- Eliminación de las subvenciones que destruyen, degradan o llevan al uso insostenible de los ecosistemas
- Impuestos, tasas y cargos Cobro de impuestos sobre actividades que destruyen/degradan o implican un mal manejo de los recursos naturales (p.e. impuestos al uso de pesticidas, a la extracción insostenible de madera)

Opciones generales de adaptación para los recursos hídricos.

Algunas de las medidas generales de adaptación al cambio climático en relación a los recursos hídricos son:

- Proteger las fuentes de agua superficial y subterránea.
- Construir obras de retención de sedimentos y energía.
- Construir obras de control de inundaciones.
- Introducir los estanques y sistemas de cosechas de agua.
- Implementar técnicas tradicionales para el riego.
- Implementar proyectos de trasvases de agua hacia zonas con alta vulnerabilidad, según los índices de escasez de los recursos hídricos.

- Implementar un programa de protección y reforestación de márgenes de ríos y zonas de mayor vulnerabilidad enfocado a la formación de bosques ribereños para prevenir la erosión de los suelos y mantener el curso natural de los ríos.

4.2. La Mitigación del cambio climático.

La Mitigación contempla el conjunto de medidas que tienen como finalidad reducir las emisiones de gases de efecto invernadero a través de la intervención humana, que es la principal causa del cambio climático. La mitigación persigue reducir la fuente precursora del peligro, que son las emisiones de gases efecto invernadero

El IPCC, 2014b afirma que las emisiones antropógenas anuales de GEI han aumentado en 10 GtCO2eq entre 2000 y 2010. Los principales aportes son de los siguientes sectores:
- Suministro de energía (47%),
- Industria (30%)
- Transporte (11%)
- Edificios (3%)

Como se puede apreciar los sectores suministro de energía y transporte suman el 77% de las emisiones. Si durante ese mismo periodo las emisiones crecieron 10 giga toneladas de Co2eq, entones la contribución de esos dos sectores fue de 7.7 giga toneladas de CO2eq y los motores impulsores de ese crecimiento en las emisiones fueron: el crecimiento demográfico y el crecimiento económico.

Para lograr que el calentamiento global no supere los 2 grados centígrados en este siglo, sería necesario llegar al 2100 con concentraciones alrededor de 450 ppm de CO2eq y en el 2019 las concentraciones se encontraban en 409 ppm, lo que explica que cualquier atraso en adoptar medidas de mitigación antes del 2050 podría ser menos posible de mantener el cambio de temperatura por debajo de los 2 grados en este siglo. (IPCC, 2014b)

4.2.1. Opciones de mitigación.

Según se explicó con anterioridad, los métodos de geoingeniería, tanto la gestión de la radiación solar, como la remoción de carbono son opciones de mitigación, siempre y cuando se demuestre que dichas soluciones sean seguras, eficientes y que no produzcan efectos medioambientales colaterales negativos.

Las propuestas de opciones de mitigación se realizan para los sectores:
- Suministro de energía
- Industria
- Transporte
- Edificios
- Usos y cambios de usos de la tierra
- Desechos

Las posibles opciones de mitigación para el sector suministro de energía son:

1. Mediante el cambio tecnológico de sustituir las centrales eléctricas a base de carbón por centrales eléctricas de ciclo combinado de gas natural muy eficientes o centrales de cogeneración de electricidad y calor.

2. Según el IPCC (2014), las tecnologías de captura y almacenamiento de dióxido de carbono podrían reducir las emisiones de GEI a lo largo del ciclo de vida de las centrales eléctricas de combustibles fósiles, sin embargo, aún no se ha logrado la seguridad operativa y la integridad a largo plazo del almacenamiento de CO2, así como los riesgos de transporte.
3. El fomento y uso de fuentes de energía renovables contribuyen a reducir las emisiones producidas por las centrales térmicas, mediante:

- La Incorporación progresiva de energía que provenga de fuentes de energía renovables.
- Adopción de medidas que impliquen un uso más eficiente de la energía.
- Incremento de los sumideros.

Las principales fuentes de energía renovales son:
- Hidroeléctricas.
- Fotovoltaicas.
- Biomasa.
- Eólica.
- Geotérmica.
- Mareomotriz.

En la siguiente tabla se resumen las principales características de las fuentes renovables de energía más conocidas.

Tabla 4.2. Principales tipos de energía renovables y sus características.

Tipos de energía renovables	Principales características
Energía hidroeléctrica	Las hidroeléctricas aprovechan la energía potencial del agua, mediante la construcción de embalses o ríos muy caudalosos, por lo que su producción siempre estará condicionada a la existencia de agua, lo que a su vez depende del régimen de lluvias. Desde el punto de vista ambiental, la energía hidroeléctrica es una de las más limpias, aunque la construcción de represas supone un impacto importante porque altera los ecosistemas fluviales, dañando los hábitats, modifican el caudal de los ríos, se alteran las características del agua como su temperatura, grado de oxigenación y otras. También con frecuencia implican reasentamiento de población y daños a suelos agrícolas por las grandes extensiones que ocupan las zonas inundadas. Pero también, suponen beneficios al constituirse en nuevos hábitats de aves y representa una alternativa muy rentable; aunque sus costos iniciales de construcción son altos, los mismos se amortizan con el tiempo de uso. Su principal inconveniente es que la represa tiene una vida limitada debido al arrastre de sedimentos de los ríos.
Energía fotovoltaica	Este sistema se basa en captar la radiación solar incidente sobre las células solares fotovoltaicas que transforman directamente la energía de la luz en energía eléctrica mediante el uso de semiconductores. Este tipo de energía con la tecnología actual disponible, necesita grandes superficies ocupadas por los paneles solares para conseguir una cantidad suficiente de energía. También debido a las condiciones climáticas la producción no es constante y no siempre se pueden utilizar en todas partes, por esta razón resulta menos rentable que la energía producida por combustibles fósiles.

	Sin embargo, es un tipo de energía que puede ser apropiada en zonas donde no exista una red de distribución eléctrica o en viviendas aisladas, pero también puede ser usada como una alternativa de reducción al consumo en el medio ambiente urbano, al utilizar esta energía de forma complementaria en el hogar, por ejemplo: Alumbrado a muy bajo costo.
Energía procedente de la biomasa	El principio de utilización de la biomasa tiene hoy en día muy diversas aplicaciones, donde se utilizan materias tales como los desechos agrícolas y de animales, madera, plantas de crecimiento rápido, residuos sólidos, que se transforman en energía. Tiene como inconveniente que la quema siempre produce CO_2, aunque se puede mitigar con las plantaciones forestales que actúan como sumidero de carbono. Otra forma de uso de la biomasa es como combustible mediante fermentación y destilación, se obtienen combustibles líquidos (biocombustibles), como el metanol o el etanol, que luego se usan en los motores. Aunque este proceso es muy poco eficiente, alcanzando sólo entre un 30 a un 40% de la energía contenida en el material de origen, ya que el resto se pierde en el proceso de destilación. También la biomasa se usa para obtener biogás, a través de un depósito (biodigestor) en los que se van acumulando restos orgánicos, residuos de cosechas y otros materiales que pueden descomponerse y la mezcla de gases producidos se pueden almacenar o transportar para ser usados como combustibles.
Energía eólica	En la actualidad se utilizan aerogeneradores para generar electricidad, especialmente en áreas expuestas a vientos frecuentes, como zonas costeras, alturas montañosas o islas. Es un tipo de energía que posee un bajo impacto ambiental, aunque crea interferencia visual con el paisaje y se producen accidentes por choques de las aves con las aspas del generador. La energía eólica ha llegado a ser económicamente competitiva y por lo general debe ser usada complementada con otras

	fuentes de energía, ya que dependen del comportamiento variable del clima.
Energía geotérmica	Mediante el uso de tecnologías apropiadas se puede obtener calor proveniente de las profundidades de la tierra, sobre todo en regiones con potencial para ello, como son las zonas volcánicas, donde existe suficiente presión del vapor de agua producido por la actividad magmática, para mover generadores de electricidad. Tiene el inconveniente que el agua caliente extraída del subsuelo es liberada en la superficie contaminando térmicamente los ecosistemas, al aumentar su temperatura natural, así como el contenido de mineral y sales que contienen las aguas extraídas o el vapor resultante. Es un tipo de energía que requiere costos importantes de exploración y perforación. Sin embargo, es otra alternativa que se puede combinar con otras fuentes productoras de energía.
Energía mareomotriz	Esta energía se genera aprovechando las interacciones gravitatorias del sistema Sol-Tierra-Luna que provocan las mareas. Las corrientes de marea hacen girar las turbinas, situadas en emplazamientos especialmente adecuados. No es un sistema de producción de energía generalizado y se encuentra aún en fase experimental.

Las posibles opciones de mitigación para el sector industrial son:

1. Implementar medidas de modernización y sustitución de las tecnologías por aquellas que dispongan mayor eficiencia energética y su generalización, sobre todo en aquellos casos donde existan industrias con alto consumo energético o de combustibles fósiles en sus procesos.

2. La cogeneración de energía mediante el aprovechamiento del calor residual (por ejemplo, utilizar el vapor caliente que sale de una instalación tradicional, como podría ser una turbina de producción de energía eléctrica, para suministrar energía para otros usos).

3. Mejorar la eficiencia energética mediante el uso optimizado de materia prima, así como el reciclaje y la reutilización de materiales y productos.
4. Propiciar el uso de electricidad con bajas emisiones de carbono, incorporar nuevos procesos industriales con innovación tecnológica, tanto en los procesos, como en los productos.
5. La reducción de las emisiones procedentes de los hidrofluorocarbonos se puede lograr mediante la optimización de procesos, así como la recuperación de refrigerantes, su reciclaje y la sustitución por nuevos productos.
6. El mejoramiento de la eficiencia energética, el uso de maquinaria de alto rendimiento, y la reducción de pérdidas y fugas en los procesos en las pequeñas y medianas empresas, pueden hacer una contribución importante a la reducción de emisiones

Algunas medidas que contribuyen a la mitigación en el sector industrial se resumen en la siguiente tabla:

Tabla 4.3. Algunos principios básicos para reducir las emisiones del sector industrial.

Principios de diseño del proceso	Beneficios	Ejemplos prácticos
Minimizar o reducir en lo posible el número de etapas o componentes del proceso tecnológico	Se reducen las emisiones y las fugas,	Reducir el almacenamiento provisional siempre que sea posible.
Reducir y controlar los posibles puntos	Las emisiones fugitivas y las de	Utilizar válvulas de baja o nula emisión, así como

de fugas	fuentes, sin un punto definido de origen, pueden convertirse en las principales causas de emisiones en la industria	empaques para éstas Enfriar los fluidos volátiles antes de almacenarlos
Reducir la generación de subproductos en cada operación unitaria	Se reduce la carga y transporte en las separaciones al final del proceso y en las emisiones.	Optimizar el balance térmico y energético Revisar que los materiales del proceso no tengan propiedades catalíticas no deseadas
Minimizar los requerimientos auxiliares del proceso	Los requerimientos auxiliares del proceso, como vapor, agua de enfriamiento y electricidad pueden implicar fuentes importantes de emisiones	Reciclar el agua de enfriamiento, siempre que sea posible Utilizar la integración del calor para reducir la carga térmica

Las posibles opciones de mitigación para el sector transporte son:

1. El IPCC (2014) afirma el comportamiento para todos los modos de transporte, junto con nuevas inversiones de infraestructura y redesarrollo urbano, podrían hacer que la demanda de energía final se redujera en 2050 en alrededor del 40%.
2. En relación a los modos de transporte se espera que mejorará la eficiencia energética y en el rendimiento de los vehículos.
3. La planificación urbana integrada.
4. El desarrollo ordenado y orientado al tránsito.

5. La compactación de la trama urbana en ciudades apoya los desplazamientos en bicicleta y a pie.
6. Las inversiones en nueva infraestructura, como los sistemas ferroviarios de alta velocidad que reducen la demanda de viajes aéreos para trayectos cortos.
7. Así como el uso de combustibles con bajo contenido de carbono.
8. La implementación de estrategias para optimizar recorridos, contribuye a la reducción de emisiones del sector transporte.

Las posibles opciones de mitigación del sector edificios y ciudades son:

1. La adopción de códigos de bajo consumo de energía para los edificios.
2. Las construcciones que integran materiales y procesos con bajos consumos energéticos.
3. Reducción en el consumo del alumbrado público, mediante sistemas de alumbrado más eficientes.
4. Fomentar medidas de ahorro personales.
5. Se puede ahorrar energía aislando adecuadamente las viviendas, oficinas y edificios que necesitan calefacción o aire acondicionado para mantenerse confortables.
6. Utilización de medidas pasivas en el diseño y construcción de edificio.
7. Fomentar la construcción de edificaciones sostenibles.
8. Para mitigar los efectos térmicos generados por las islas de calor urbano y atenuar la acumulación de calor en las superficies construidas mediante el uso árboles y vegetación, uso de techos frescos o estrategias de crecimiento inteligentes.

9. El IPCC (2014b) opina que las estrategias de mitigación efectivas conllevan paquetes de políticas que se refuerzan mutuamente, entre ellas la creación de zonas con altas densidades residenciales y altas densidades de empleo, unido a una alta diversidad e integración de los usos del suelo contribuyen a la mitigación del cambio climático
10. La planificación del uso del suelo y medidas intersectoriales para reducir el crecimiento urbano desorganizado, promover un desarrollo urbano orientado al tránsito y programas de mejoramiento de barrios.

Las posibles opciones de mitigación en el uso y cambios de usos de la tierra son:

1. Son claves para la mitigación del cambio climático la forestación, la ordenación forestal sostenible y la disminución de la deforestación.
2. En la agricultura son importantes opciones tales como la gestión de tierras agrícolas, la gestión de pastizales y la restauración de suelos orgánico
3. Uso de la bioenergía y producción de biogás

El IPCC, (2014) ha afirmado que *el calentamiento antropógeno y la elevación del nivel del mar continuarán durante siglos debido a las escalas de tiempo asociadas con los procesos climáticos y los retroefectos, incluso si las concentraciones de gases de efecto invernadero llegaran a estabilizarse debido a la inercia climática.*

Es importante considerar que los beneficios de la mitigación no son inmediatos, aunque no se puede renunciar a ella, ya que es la única vía para estabilizar las concentraciones de gases efecto invernadero en la atmósfera, para evitar un cambio climático peligroso para la humanidad.

Capítulo 5. Marco de referencia sobre las negociaciones internacionales sobre Cambio Climático.

5.1. La Adaptación al Cambio Climático en la Convención Marco (CMNUCC).

La adopción de la CMNUCC en la Conferencia Mundial sobre el Medio Ambiente y el Desarrollo (1992), marcó un hito histórico en las políticas ambientales multilaterales.

El lanzamiento del primer informe de evaluación del grupo intergubernamental de expertos sobre el cambio climático (IPCC), creó un importante sentido de urgencia en la comunidad internacional. Permitió que se hiciera evidente que el cambio climático es un fenómeno grave y que necesita ser abordado con los esfuerzos coordinados global en virtud de un acuerdo multilateral en Naciones Unidas.

La CMNUCC reconoce la responsabilidad histórica de los países desarrollados como los principales contribuyentes a las emisiones de gases de efecto invernadero globales, además de tener mayor capacidad económica para actuar. La Convención fue impulsada por el entendimiento que la mayor parte de las emisiones antropogénicas todavía podían evitarse mediante la mitigación. Por esta razón, la CMNUCC se centra en mitigar las emisiones nocivas promoviendo la cooperación global hacia ese objetivo.

En aquel entonces había poco reconocimiento de los efectos del cambio climático, y que la adaptación a sus efectos adversos exigiría una acción importante y la cooperación internacional.

5.1.1. Preámbulo, definiciones y el objetivo final de la convención.

A la luz de lo anterior, no es sorprendente que en el preámbulo y el artículo 1, que contiene las definiciones de la Convención, no se refieren a la adaptación. Si bien la convención no contiene una definición de la adaptación, las partes acordaron los siguientes términos:

1. Por "efectos adversos del cambio climático" se entiende los cambios en el medio ambiente físico o en la biota resultantes del cambio climático que tienen efectos nocivos significativos en la composición, la capacidad de recuperación o la productividad de los ecosistemas naturales o sujetos a ordenación, o en el funcionamiento de los sistemas socioeconómicos, o en la salud y el bienestar humanos.

2. Por "cambio climático" se entiende un cambio de clima atribuido directa o indirectamente a la actividad humana que altera la composición de la atmósfera mundial y que se suma a la variabilidad natural del clima observada durante períodos de tiempo comparables.

Hoy en día más de 190 países han pasado a ser parte en la CMNUCC y con ellos se confirmaron los aspectos antes mencionados. Ellos reconocieron la amenaza del cambio climático; en un primer momento destacaron el riesgo del aumento del nivel del mar y también reconocieron la especial vulnerabilidad de ciertas áreas de tierra. Si bien estos aspectos por si solos no tienen relevancia operativa, proporcionaron elementos importantes para decisiones futuras.

El artículo 2 de la convención se refiere generalmente como el objetivo de la Convención por lo que es de importancia fundamental:

"El objetivo último de la presente Convención y de todo instrumento jurídico conexo que adopte la Conferencia de las Partes, es lograr, de conformidad con las disposiciones pertinentes de la Convención, la estabilización de las concentraciones de gases de efecto invernadero en la atmósfera a un nivel que impida interferencias antropógenas peligrosas en el sistema climático. Ese nivel debería lograrse en un plazo suficiente para permitir que los ecosistemas se adapten naturalmente al cambio climático, asegurar que la producción de alimentos no se vea amenazada y permitir que el desarrollo económico prosiga de manera sostenible.".

Ese artículo constituye la base prioritaria relativa a la mitigación y al mismo tiempo, contiene un primer enlace a la capacidad de adaptación de los ecosistemas y la producción de alimentos. Sin duda, existe una relación directa entre la mitigación y la adaptación, aunque la adaptación y la capacidad adaptativa de las sociedades también se determinan de manera significativa por otros aspectos como la pobreza, el conocimiento, la disponibilidad de recursos, etc.

5.1.2. Principios y compromisos relacionados con la adaptación al cambio climático.

La Convención contiene algunos de los principios y compromisos que son relevantes para todas las partes:

En el artículo 3.3 contiene una referencia al principio de precaución, pero también se refiere a la necesidad de tener en cuenta los diferentes contextos socio-económicos como en el caso de la adaptación. Reconoce que las partes también pueden llevar a cabo actividades en conjunto.

El Articulo 4.1b establece el compromiso que todas las partes deberán: "elaborar, aplicar, publicar y actualizar regularmente programas nacionales y en su caso, regionales que contengan medidas para mitigar el cambio climático […], y medidas para facilitar la adaptación adecuada al cambio climático".

En el artículo 4.1e las partes se comprometen a "cooperar en los preparativos para la adaptación a los impactos del cambio climático, desarrollar y elaborar planes apropiados e integrados para la gestión de los recursos hídricos, las zonas costeras y la agricultura y para la protección y rehabilitación de las zonas, en particular en África, afectadas por la sequía, la desertificación, así como por las inundaciones".

El artículo 4.4 es fundamental para las negociaciones, ya que subraya la obligación de los países desarrollados de prestar asistencia financiera para la adaptación: "las partes que son países desarrollados, y las demás partes desarrolladas que figuran en el anexo II, proporcionaran asistencia a las partes que son países en desarrollo, que son particularmente vulnerables a los efectos adversos del cambio climático, para sufragar los costos de la adaptación a esos efectos adversos".

Este artículo ha sido muy controversial en los últimos años debido a la falta de claridad, en particular, lo que respecta a dos puntos que a lo largo de los años continúan siendo controvertidos:

1. No se ha definido cuáles de los países en desarrollo que son
    considerados "particularmente vulnerables", a pesar que la
    exposición de motivos da una orientación general.
2. Establece que los países desarrollados "ayudarán a sufragar
    los costos de la adaptación" pero no aclarara qué parte de
    los costos de adaptación deben ser cubiertos. También
    debido a la falta de claridad, las negociaciones después han
    tenido problemas para hacer frente a estos aspectos como se
    verán más adelante.

El Artículo 4.9 subraya el conocimiento especial de las necesidades
de los países menos adelantados (PMA). Dado que de acuerdo con
el IPCC (Panel de Expertos en Cambio Climático) y muchos otros
estudios, los PMA se consideran particularmente vulnerables, ello
ha sentado las bases para la creación del fondo para los países
menos adelantados y el Plan de acción de adaptación (PANA en
español o NAPA por sus siglas en inglés).

El Articulo 4.8 ha creado dificultades particulares para las
negociaciones de adaptación, debido a su vinculación con las
"medidas de respuesta". Estas pueden ser descritas como las
medidas adoptadas para responder al cambio climático, en el
sentido de la mitigación.

Sin embargo, el artículo 4.8 sitúa a los países particularmente
vulnerables a los efectos adversos del cambio climático en el
mismo contexto que a los países vulnerables a los efectos adversos
de las "medidas de respuesta". En particular, los países de la OPEP
(Organización de Países Exportadores de Petróleo) se han
considerados a sí mismos como parte de este último grupo.

Estos han sido durante muchos años, los puntos que ha obstaculizado el progreso en materia de adaptación en las negociaciones, en particular en las actividades previstas en la decisión 1/CP.10 (véase más adelante). Este problema solo se resolvió con la adopción del Marco de Adaptación de Cancún (MAC en español o CAF por sus siglas en inglés) en la COP[8] 16, donde las "medidas de respuesta" -después de discusiones controversiales- finalmente no aparecieron en la sección de adaptación.

5.2. Breve evolución de las negociaciones internacionales sobre cambio climático.

Después de la aprobación y entrada en vigor de la Convención, ha sido muy pobre el avance en materia de mitigación, lo que a su vez impacta en las negociaciones sobre adaptación. Sin embargo, con los avances en la ciencia y en particular la elaboración de informes de evaluación posteriores del IPCC (Segundo Informe, AR2:1995; Tercer Informe AR3:2001 y Cuarto Informe AR4:2007), se ha hecho cada vez más claro que:

1. La adaptación a los efectos adversos del cambio climático es cada vez más una obligación para los países en desarrollo en lugar de una elección;
2. La adaptación al cambio climático ya está ocurriendo y ha estado sucediendo durante toda la historia de la humanidad
3. La coordinación de esfuerzos a nivel internacional puede y debe ayudar a los países (así como a la comunidad internacional en su conjunto) en la comprensión y aplicación de la adaptación.

---

[8] COP: Abreviatura de las Conferencias de las Partes que son las reuniones anuales de todos los países miembros de la Convención y otros invitados

Desde los años 60 inician las primeras acciones internacionales
para hacer frente al problema del cambio climático, cuyos
principales hitos se describen cronológicamente en la siguiente
tabla hasta el año 2005, a partir del cual las negociaciones
internacionales del clima alcanzan una alta relevancia internacional

**Tabla 5.1. Cronología de los principales eventos internacionales
relacionaos al cambio climático entre 1960 y el 2000.**

Años	Eventos/acciones
1960	Se celebra en Londres la Tercera sesión de la Comisión de Climatología de la Organización Meteorológica Mundial (OMM), considerada la primera reunión sobre el efecto invernadero porque se aborda el tema como eje central
1972	Se desarrolla en Estocolmo la primera Conferencia Internacional de Naciones Unidas sobre Medio Ambiente Humano, en la que se suscribe la "Declaración de Estocolmo", "Carta Magna" del Derecho Internacional Ambiental, y se acuerda la creación en 1973 del Programa de la ONU para el Medio Ambiente (PNUMA).
1979	Se realiza la Primera Conferencia Mundial sobre el clima en Ginebra y se aborda el tema de cambio climático
1983	Se crea la Comisión sobre Medio Ambiente y Desarrollo de las Naciones Unidas (CNUMAD).
1988	Se crea el Grupo Intergubernamental de Expertos sobre el Cambio Climático (IPCC) que agrupa a miles de científicos prestigiosos en el tema.
1990	El IPCC publica en Sundsvall, Suecia, el primer Informe de Evaluación sobre el clima global que confirma científicamente evidencias sobre el cambio climático.
1990	Resolución de la Asamblea General de la ONU por la que se establece el Comité Intergubernamental para la negociación de la Convención Marco de las Naciones Unidas sobre el Cambio Climático. (1990)7 ;
1992	Se adopta el Convenio Marco de Naciones Unidas sobre

	Cambio Climático, una declaración de principios que entra en vigor el 21 de marzo de 1994 En junio, se celebra en Río de Janeiro (Brasil) la Cumbre de la Tierra, en la que se firma el Convenio Marco que compromete a los países firmantes a adoptar medidas para mitigar las emanaciones de gases responsables del calentamiento atmosférico
1996	Se celebra en Ginebra, Suiza, la II Conferencia de las Partes (COP2), en la que ya se habla de "comercio de emisiones
1997	Se celebra en Kioto (Japón) la Conferencia de las partes (COP3) en la que se adopta el "Protocolo de Kioto", un acuerdo sin precedentes para frenar la degradación medioambiental. El Tratado obliga a 38 países industrializados, más la Unión Europea (UE), a reducir las emisiones de seis gases responsables del efecto invernadero sobre los niveles de 1990 entre los años 2008 y 2012. EEUU se comprometa a rebajar un 7% sus emisiones, Japón un 6% y la UE un 8%.
1998	El 16 de marzo, el Protocolo de Kioto se abre a la firma en la sede de Naciones Unidas, en Nueva York. El 29 de abril, los países de la UE, incluida España, firman conjuntamente el Protocolo de Kioto.
2000	Las negociaciones alrededor de la COP6 en La Haya (Holanda) fracasan y se produce un periodo de estancamiento en las negociaciones.

5.2.1. COP7 en 2001: Acuerdos de Marrakech

El Protocolo fue adoptado el 11 de diciembre de 1997 en Tokio, Japón, y entró en vigor en febrero de 2005. Las normas detalladas para la aplicación del Protocolo se aprobaron en la COP7 en Marrakech en 2001, y se llaman "Acuerdos de Marrakech".

El Protocolo de Kioto es generalmente visto como un primer paso importante hacia un régimen de reducción de emisiones realmente global que estabilizara las emisiones de gases de efecto invernadero. Con sus objetivos vinculantes para 37 países industrializados a reducir sus emisiones de gases de efecto invernadero en un 5% respecto a los niveles de 1990, el Protocolo establece la arquitectura esencial para cualquier futuro acuerdo internacional sobre el cambio climático a pesar de sus debilidades.

En el marco de los acuerdos de Marrakech, se crearon tres nuevos fondos para la financiación de la adaptación para ayudar a los países en desarrollo con sus procesos de planificación de la adaptación:

- Fondo para los países menos adelantados (FPMA-CMNUCC)
- Fondo especial del cambio climático (FECC-CMNUCC)
- Fondo de adaptación (Protocolo de Kioto)

Dado que el objetivo principal del Protocolo de Kioto es limitar y reducir las emisiones de gases de efecto invernadero de los países desarrollados, hay poco que encontrar en el Protocolo de Kioto en cuanto a la adaptación (https://unfccc.int/resource/docs/convkp/kpspan.pdf).

Se refiere a la adaptación en el contexto del artículo 10, que sirve para reafirmar los compromisos asumidos en la Convención para llevar a cabo ciertas acciones relacionadas con el cambio climático. Se comprometen a: "formular, aplicar, publicar y actualizar regularmente programas nacionales y en su caso regionales que contengan medidas para mitigar el cambio climático y medidas para facilitar la adaptación adecuada al cambio climático"; sin embargo, la relevancia operacional directa de este artículo es bastante limitada.

Más importante fue el establecimiento del Mecanismo de Desarrollo Limpio (MDL) y su papel para financiar las actividades de adaptación en los países en desarrollo. Mientras que el Fondo de Adaptación no se ha establecido a través del Protocolo de Kioto, las partes acordaron que "una parte de los ingresos procedentes de actividades de proyectos certificadas se utilice para cubrir los gastos administrativos, así como ayudar a las partes que son países particularmente vulnerables a los efectos adversos del cambio climático a sufragar los costos de adaptación" (Art.13.8). Esta relación innovadora entre la mitigación y la adaptación sirvió de base para el posterior establecimiento del fondo de adaptación.

5.2.2. COP10 en 2004: Programa de Trabajo de Buenos Aires

La COP 10 marco el décimo aniversario de la entrada en vigor de la Convención Marco sobre el Cambio Climático, lo que sirvió como tema central de la reunión. Un aspecto importante de las negociaciones en Buenos Aires fue un conjunto de temas que abarcaron tanto la adaptación a los efectos adversos del cambio climático y como los impactos de los esfuerzos de mitigación ("medidas de respuesta"). Mientras que el primero era una preocupación clave para los países menos adelantados y los pequeños estados insulares, esta última puede ser entendida como una principal preocupación de los países de la OPEP.

En la adaptación a los impactos del clima, el Programa de Buenos
Aires tuvo como objetivo promover las actividades para fortalecer
las capacidades en el país, para intensificar la transferencia de
tecnología, para mejorar la recopilación de datos y para llevar a
cabo medidas de adaptación piloto. En la adaptación de las
"medidas de respuesta", la decisión de la COP pidió que se
realizaran reuniones de expertos para encontrar formas de
promover la diversificación económica en los países productores de
petróleo.

5.2.3. COP12 en 2006: Programa de Trabajo de Nairobi

En la COP12 en Nairobi, las partes acordaron establecer el
Programa de Trabajo de Nairobi (PTN) sobre los efectos, la
vulnerabilidad y la adaptación al cambio climático. EI PNT se
organizó en el marco del Órgano Subsidiario de Asesoramiento
Científico y Tecnológico (OSACT) de la CMNUCC.
Su objetivo es ayudar a todas las partes, en particular a los países
en desarrollo, incluidos los países menos adelantados y los
pequeños estados insulares en desarrollo.

El Programa de Trabajo de Nairobi difundió el conocimiento y la
información sobre la adaptación, y destaca el trabajo de los
miembros lo más ampliamente posible a través de una variedad de
productos y publicaciones. Se lleva a cabo por las partes, las
organizaciones intergubernamentales y no gubernamentales, el
sector privado, las comunidades y otras partes interesadas.
Cuando se estableció el Programa de Trabajo Nairobi contenía
actividades para 2.5 años y consistió en las siguientes áreas de
trabajo:
- Métodos y herramientas.
- Los datos y observaciones.

- Modelización de clima, escenarios y reducción a escala.
- Los riesgos relacionados con el clima y los fenómenos extremos.
- Información socio-económica.
- Planificación y prácticas de adaptación.
- Investigación.
- Las tecnologías para la adaptación.
- La diversificación económica.

5.2.4. COP13 en 2007: Plan de Acción de Bali (PAB)

La COP13 en Bali concluyó con dos hitos directamente relacionados con la adaptación: el Plan de Acción de Bali y la decisión relacionada con el Fondo de Adaptación del Protocolo de Kioto.

El Plan de Acción de Bali estaba integrado por cuatro componentes básicos: Mitigación, Adaptación, Tecnología y Finanzas (y también la creación de capacidades), referidas éstas últimas –generalmente- como "medios de implementación".

Con respecto a la adaptación, el plan de acción de Bali contiene cinco relevantes apartados a abordar diferentes aspectos (decisión 1/CP 13):

c) La intensificación de la labor relativa a la adaptación, incluido, entre otros aspectos, el examen de:

i) La cooperación internacional para apoyar la aplicación urgente de medidas de adaptación, entre otras cosas mediante evaluaciones de la vulnerabilidad, el establecimiento de prioridades entre las medidas, evaluaciones de las necesidades financieras, estrategias de respuesta y fomento de la capacidad, la integración de medidas de adaptación en la planificación sectorial y nacional, proyectos y programas específicos, medios de incentivar la aplicación de las medidas de adaptación y otras formas de favorecer un desarrollo resistente al cambio climático y reducir la vulnerabilidad de todas las Partes, teniendo en cuenta las necesidades apremiantes e inmediatas de los países en desarrollo que son particularmente vulnerables a los efectos adversos del cambio climático, especialmente los países menos adelantados y los pequeños Estados insulares en desarrollo, y teniendo en cuenta además las necesidades de los países de África afectados por la sequía, la desertificación y las inundaciones;

ii) Las estrategias de gestión y reducción de riesgos, incluidos los mecanismos de repartición y transferencia del riesgo, como los seguros;

iii) Las estrategias de reducción de desastres y los medios de hacer frente a las pérdidas y los daños asociados a las repercusiones del cambio climático en los países en desarrollo que son particularmente vulnerables a los efectos adversos del cambio climático;

iv) La diversificación económica para aumentar la resiliencia;

v) Las formas de fortalecer la función catalizadora de la
Convención en lo que respecta a alentar la labor de los
órganos multilaterales, los sectores público y privado y la
sociedad civil, aprovechando las sinergias entre las
actividades y los procesos, como un medio de apoyar la
adaptación de manera coherente e integrada;

5.2.5. COP15 en 2009: El Acuerdo de Copenhague

Las negociaciones en el período previo a la mayor cumbre sobre el
clima nunca antes vistas, la COP 15 en Copenhague, se iniciaron en
Bali y fueron muy intensas. Con respecto a los impactos globales
del cambio climático, el Acuerdo de Copenhague se tradujo en la
aprobación por numerosos Jefes de Estado (y después, por más de
120 países) del acuerdo de "reducir las emisiones globales con el
fin de mantener el aumento de la temperatura global por debajo de
2 grados centígrados". Esto puede ser considerado como una
concreción del objetivo último de la Convención, y abrió el camino
para la adopción formal de este objetivo en la COP16.

Asimismo, el compromiso de los países desarrollados de
proporcionar la llamada "financiación inmediata" - USD 30 mil
millones de financiamiento nuevo y adicional para la acción por el
clima en los países en desarrollo -; así como la promesa de
movilizar US $ 100 mil millones a partir del 2020 para la
mitigación y adaptación - han sido importantes en relación con la
aplicación de la adaptación en los países en desarrollo.

El párrafo pertinente 8 afirmó que "la financiación para la
adaptación se dará prioridad a los países en desarrollo más
vulnerables, como los países menos adelantados, los pequeños
estados insulares en desarrollo y África" que aplican tanto la
"definición" de los países particularmente vulnerables contenida en
el PAB (sin concretar lo que "priorizar" significaría en la práctica).

Así mismo señaló que "la nueva financiación multilateral para la
adaptación será entregada a través de acuerdos de fondos eficaces
de los países desarrollados y en desarrollo. Una parte significativa
de dicha financiación debe fluir a través del Fondo Verde para el
Clima de Copenhague".

Sin embargo, en términos de la relación con las negociaciones de
adaptación el acuerdo perdió puntos claves de discusión, o los
anuló hasta cierto punto. Además, no proporcionó ninguna
orientación sobre otros temas de la agenda de adaptación, como los
arreglos institucionales (lo que más tarde dio lugar a la creación del
Comité de Adaptación), planes nacionales de adaptación, pérdidas
y daños, centros regionales, etc.

Esto podría explicarse por el enfoque global de mitigación (y
financiación), lo que resultó en los informes sobre
"enfrentamientos" con el Presidente de Estados Unidos (Obama) y
los líderes de las principales economías emergentes de China,
India, Sudáfrica y Brasil. Al final en el acuerdo de Copenhague se
"tomo nota" de los acuerdos, después de una histórica, sin
precedentes, y polémica plenaria de clausura.

5.2.6. COP16 en 2010: El Marco de Adaptación de Cancún

La adopción del Marco de Adaptación de Cancún (MAC), como parte de los acuerdos de la COP 16, marcó un hito en las negociaciones de adaptación.

El marco de adaptación de Cancún (párrafos 11- 35 de la decisión 1/CP.16) describe que las partes acordaron que "la adaptación es un desafío que enfrentan todas las partes, y se requiere con urgencia una mayor cooperación en materia de adaptación para permitir y apoyar la implementación de medidas de adaptación para reducir la vulnerabilidad y aumentar la resiliencia en las partes que son países en desarrollo, teniendo en cuenta las necesidades urgentes e inmediatas de los países en desarrollo que son particularmente vulnerables".

Los cinco grupos del Marco de Adaptación de Cancún son:
a) Aplicación: Todas las partes acordaron planificar, priorizar y aplicar medidas de adaptación y utilizar los canales existentes para proporcionar información sobre el apoyo prestado y recibido para acciones de adaptación, y sobre las actividades realizadas. Teniendo en cuenta sus responsabilidades comunes pero diferenciadas.

Acuerdo sobre un proceso para que las partes PMA (Países Menos Adelantados) formulen y ejecuten planes nacionales de adaptación (PANA) y una invitación a otras partes que son países en desarrollo a utilizar las modalidades formuladas para apoyar esos planes. Este proceso se basará en la experiencia de esos países, en la preparación y aplicación de los PNA, como un medio de identificación de las necesidades de adaptación a mediano y largo plazo, y el desarrollo e implementación de estrategias y programas para hacer frente a esas necesidades.

Se acordó un programa de trabajo para considerar enfoques que permitan hacer frente a pérdidas y daños asociados a los impactos del cambio climático en los países en desarrollo que son particularmente vulnerables a los efectos adversos del cambio climático.

b) Apoyar: Los países desarrollados acordaron proporcionar apoyo a países en desarrollo, teniendo en cuenta las necesidades de los que son particularmente vulnerables. El apoyo sería a largo plazo, en mayor escala, con financiamiento previsible y adicional, tecnología y fortalecimiento de la capacidad para la implementación de acciones de adaptación, planes, programas y proyectos a nivel local, nacional, sub-regional, incluidas las actividades del Marco de Adaptación de Cancún.

c) Instituciones: A nivel mundial: se acordó establecer un Comité de Adaptación para promover la aplicación de la acción mejorada sobre la adaptación de manera coherente.
- A nivel Regional: las partes acordaron fortalecer y, cuando sea necesario, establecer centros y redes regionales.
- A nivel nacional: la decisión fue aprobada para fortalecer y en su caso establecer mecanismos institucionales a nivel nacional.

d) Principios: las partes acordaron seguir un enfoque propio impulsado por el país, enfoque de género participativo y plenamente transparente, tomando en cuenta a los grupos vulnerables, las comunidades y los ecosistemas.

El trabajo futuro debe basarse e inspirarse en los mejores conocimientos científicos disponibles y en su caso, los conocimientos tradicionales y autóctonos.

La adaptación debería integrarse en las políticas y acciones
sociales, económicas y ambientales.

e) Involucramiento de los actores relevantes: Se invitó a todas las
organizaciones multilaterales pertinentes, internacionales,
regionales y nacionales, los sectores públicos y privados, la
sociedad civil y otras partes interesadas para llevar a cabo y apoyar
la acción mejorada sobre la adaptación a todos los niveles.

5.3.7. COP17 en 2011: Puesta en operaciones de Durban del Marco de Adaptación de Cancún

En la COP17 en Durban (2011), las partes avanzaron en la
aplicación del marco de adaptación de Cancún a través de la puesta
en marcha de diversos componentes.

Comité de Adaptación: Las Partes acordaron nuevos pilares
fundamentales para la puesta en funcionamiento del Comité de
Adaptación. Por ejemplo, se acordó la composición del comité, así
como una lista inicial de actividades para su programa de trabajo.

Los Planes Nacionales de Adaptación (PNA): Las partes acordaron
directrices iniciales para los PNA. Estos serán desarrollados por el
grupo de países menos adelantados. Una cuestión importante fue el
debate sobre la fuente de fondos para apoyar a los países que no
son menos adelantados en la puesta en práctica de los programas de
acción nacionales, una tarea que luego fue delegada al Comité de
Adaptación.

Pérdidas y Daños: El programa de trabajo sobre pérdidas y daños
acordado en Cancún se mantuvo en gran parte vacío hasta Durban.
Ahí las actividades concretas del programa de trabajo en 2012 se
acordaron en tres áreas

a) La evaluación de los riesgos de pérdidas y daños asociados a los efectos adversos del cambio climático;
b) Una serie de enfoques para hacer frente a las pérdidas y daños
c) El papel de la Convención.

Con la adopción de un acuerdo en la COP16 en Cancún (2010), a través de la decisión 1/CP.16 se acordó la "necesidad de fortalecer la cooperación y la experiencia internacional con el fin de comprender y reducir las pérdidas y los daños asociados a los efectos adversos del cambio climático, incluidos los efectos relacionados con eventos climáticos extremos y fenómenos de lento desarrollo".

Por esta decisión, un programa de trabajo de composición abierta se puso en marcha con el fin de "examinar, a través de seminarios y reuniones de expertos, en su caso, los enfoques para hacer frente a las pérdidas y daños asociados con los impactos del cambio climático en los países en desarrollo que son particularmente vulnerables a los efectos adversos del cambio climático". (https://unfccc.int/resource/docs/2010/cop16/spa/07a01s.pdf).

En la COP17 en Durban los negociadores llegaron a un consenso sobre los elementos del programa de trabajo sobre pérdidas y daños. En la decisión 7/CP.17 se solicitó:

- Continuar la ejecución del programa de trabajo sobre enfoques para abordar las pérdidas y los daños asociados con los impactos del cambio climático en los países en desarrollo que son particularmente vulnerables a los impactos adversos al cambio climático.

- Formular recomendaciones sobre pérdidas y daños a la Conferencia de las partes para su examen en su décimo octavo periodo de sesiones.

5.2.8. COP 18 (2012) DOHA Qatar

Continuando con la anterior Cumbre de Durban (COP 17), su
objetivo pretendió sentar las bases para un acuerdo climático que
asegure que el aumento de temperatura global no supere los 2° C,
umbral estimado a partir de cual existe un grave riesgo de
desestabilización del sistema climático que pueden producir
impactos de consecuencias impredecibles.

Después de más de dos semanas de frustrantes negociaciones y con
más de 24 horas de retraso sobre lo previsto, los 194 países
reunidos en Doha alcanzaron un acuerdo de mínimos, conocido
como Puerta Climática de Doha, y que prorroga hasta 2020 el
periodo de compromiso del Protocolo de Kioto, que expiraba ese
año. Esta prórroga tiene obligaciones para muy pocos países (UE,
Australia, Noruega y Croacia) y del que se caen Rusia, Japón y
Canadá. Además, se marca como objetivo un complicadísimo pacto
mundial en 2015 que debe incluir a Estados Unidos, China, India y
Rusia.

Los textos encaminados a conseguir un pacto mundial en París en
el 2015 que incluya a todos los países, quedaron prácticamente
vacíos de contenido. Tampoco no se llegó a un objetivo global de
reducción de emisiones, ni el año en el que deben tocar techo.

La decisión 3/CP.18, apreció los progresos realizados en la
aplicación del programa del trabajo sobre pérdidas y daños
asociados con los impactos adversos del cambio climático, que se
estableció en virtud de los acuerdos de Cancún en 2010. También
reconoció la importancia de la continuación del mismo programa
de trabajo y reconoció la necesidad de llevar a cabo las nuevas
obras para avanzar en la comprensión y el conocimiento de las
pérdidas y daños incluidos:

- El riesgo de fenómenos graduales (o de lento desarrollo) y enfoques para abordarlos
- Las pérdidas y los daños no económicos
- Identificar y desarrollar enfoques apropiados, incluyendo la reducción del riesgo, el riesgo compartido y las herramientas de transferencia de riesgos, y los enfoques de rehabilitación de las pérdidas y los daños asociados a los efectos adversos del cambio climático;
- Patrones de la migración, el desplazamiento y la movilidad humana;
- La recopilación y la gestión de datos pertinentes, para evaluar el riesgo de pérdidas y daños;
- Fortalecer y promover la colaboración regional, centros y redes sobre estrategias y enfoques;
- Mayor capacidad a nivel nacional y regional;
- Fortalecimiento de los arreglos institucionales en los planes, nacional, regional e internacional para hacer frente a las pérdidas y daños.

El párrafo 99 de la decisión de Doha, decidió establecer arreglos institucionales, incluyendo un mecanismo internacional para hacer frente a las pérdidas y daños en los países en desarrollo que son particularmente vulnerables a los efectos adversos del cambio climático. Dicha decisión también ordena el establecimiento de tales arreglos institucionales, sus funciones y modalidades de acuerdo con el papel de la CMNUCC como se define en el párrafo 5 de la misma decisión en la COP 19.

Las Partes de la Convención acordaron el papel de la Convención en la promoción de la aplicación de diferentes enfoques para hacer frente a las pérdidas y daños incluyendo:
- Mejorar el conocimiento y comprensión de la gestión integral del riesgo para responder a las pérdida y daños;

- Fortalecer el diálogo, la coordinación, la coherencia, las sinergias entre las partes interesadas;
- Mejora de la acción y de apoyo, incluida la financiación, tecnología, y la creación de capacidad.

Este acuerdo alcanzado en Doha aplaza además hasta 2013 las negociaciones sobre la demanda de los países en vías de desarrollo, que exigen mayores donaciones para ayudarles a frenar las emisiones de gases de efecto invernadero.

El texto da un impulso al Fondo Verde para el Clima y se propone que las ayudas a largo plazo de los países desarrollados alcancen los 100.000 millones de dólares al año antes de 2020, algo que se espera se concrete en la cumbre de Varsovia en 2013. Las partes avanzaron también en la creación de un fondo para que los países en desarrollo afronten los gastos derivados de las pérdidas y daños causados por el cambio climático.

Todas las delegaciones presentes en Doha reconocieron que el acuerdo final no satisfizo las recomendaciones científicas, que pedían medidas drásticas para evitar el calentamiento global, del que hay evidencias que está detrás de los recientes acontecimientos climáticos adversos.

5.2.9. COP 19 (2013) Polonia

Analizando los resultados alcanzados en Polonia desde la lógica del mismo proceso de negociación, una gran mayoría de observadores encontraron varios avances; en materia de inclusión de aspectos de género, los 100 mil millones para el Fondo de Adaptación y sobre todo en la creación de un mecanismo para "pérdidas y daños".

El objetivo último de la Convención Climática es limitar las
emisiones de gases de efecto invernadero (GEI) para evitar
interferencias peligrosas con el sistema climático. Las discusiones
sobre mitigación, es decir la reducción de las emisiones, tuvieron
dos componentes. El eje principal estaba dedicado a establecer un
plan de trabajo hacia un acuerdo en 2015, al igual de definir sus
elementos principales. Como ya en años anteriores, el debate giraba
alrededor del concepto de igualdad.

Se decidió que, hasta comienzos de 2015, cada país debe anunciar
frente a la Convención Climática sus propias "contribuciones". Los
países del Norte querían usar el término más fuerte "obligaciones"
para todos, pero India y China se opusieron a ser incluidos de la
misma manera que los países del Norte. En el caso de los países en
desarrollo estas reducciones se calcularían frente a un escenario de
aumento de emisiones "business as usual", es decir no se trata de
reducciones reales. La discusión de cómo se verificaría estas
"contribuciones" fué relegada para la próxima Conferencia
Climática en Lima.

El segundo eje del área de mitigación fue constituido por la
discusión sobre reducciones que deberían realizarse a corto plazo,
antes de 2020, el año en que se prevé que entraría en vigencia el
nuevo acuerdo. No se han registrado avances que podrían llevar a
que las emisiones lleguen a su "pico" en 2015 y luego se redujeran.

Parece que la atención mundial no se había percatado la suma
importancia de comenzar desde ese momento con la reducción de
las emisiones, cuando en realidad, fueron años claves para limitar
el calentamiento global a 2 grados centígrados. La realidad es otra;
durante la última década las emisiones continuaron aumentado en
un promedio de 3% anuales y las perspectivas no fueron muy
alentadoras.

En Varsovia, los países altamente desarrollados se resistieron a comprometerse con alguna meta de reducción de emisiones para los años 2013-19. Fue obvio que los países menos desarrollados lo interpretan como falta de voluntad y también falta cumplimiento con las promesas, lo que predispuso a los países menos desarrollados a negociar compromisos propios de reducción de emisiones. Un avance se pudo constatar en relación al Fondo de Adaptación (AF – Adaptation Fund), donde se obtuvieron los 100 millones de dólares que se necesitaba para iniciar su operación.

Empujado por 130 países en vías de desarrollo, al final, se logró establecer un mecanismo internacional en Varsovia, que debería ser revisado en 2016. Entre sus funciones se incluyó el manejo de riesgos y el apoyo financiero para impactos adversos del cambio climático en los países en vías de desarrollo. El establecimiento de este mecanismo de "pérdidas y daños" debe ser considerado como una victoria para los países del Sur.

La COP 19 por primera vez logró incorporar lineamientos de género en los procesos, iniciativas y programas bajo la Convención Climática (CMNUCC).

El principal insumo desde la ciencia climática, fue la presentación de la primera parte del Quinto Informe AR5 del Panel Intergubernamental sobre Cambio Climático (IPCC) y durante el año 2014, el IPCC publicaría la segunda y la tercera parte de su Quinto Informe AR5.

El proceso de negociación de Varsovia seguía las líneas ya conocidas de los últimos años: Los países del menos desarrollados insistían que los países altamente desarrollados "históricamente responsables" de la mayor parte del CO2 en la atmósfera, tomaran acciones de mitigación primero y financien las acciones de adaptación en los menos desarrollados. Los países altamente desarrollados, en su gran mayoría, no quisieron comprometerse a nada si no se incluye a las economías emergentes China, India, Sudáfrica y Brasil en las obligaciones de reducir sus emisiones. Una vez más dominaban las múltiples intransigencias entre diferentes grupos de países, que llevaron la conferencia a un virtual bloqueo.

5.2.10. COP 20 (2014) Perú

Previo a esta cumbre existía un esperanzador acercamiento entre China y EEUU, los dos países más emisores en ese momento. La Casa Blanca difundió un informe en el que alertaba a los ciudadanos de los estragos del cambio climático en Estados Unidos. La información, lejos de ser novedosa, supuso que el segundo país emisor de gases efecto invernadero constatara lo que los científicos llevan tiempo informando. Poco antes del COP 20 de Lima, EEUU y China anunciaron un compromiso conjunto para la reducción de emisiones de gases de efecto invernadero (GEI) por primera vez en la historia.

La implicación de estos dos países se consideró fundamental, dado el nivel de compromiso que debe asumir cada país para lograr que el calentamiento global no supere la barrera de los 2°C, límite marcado por los expertos.

La ONU consideraba que el objetivo a largo plazo reducir las emisiones a cero el próximo siglo y entre un 40% y un 70% para 2050 desarrollados y los países en vías de desarrollo, evidenciada en la Cumbre de Copenhague de 2009(COP 15) que terminó sin acuerdo. Los países en vías de desarrollo exigieron a los países desarrollados partidas económicas para hacer frente a los efectos del cambio climático. Esto dio lugar al Fondo Verde del Clima, aún muy lejos del objetivo establecido en 100.000 millones de dólares anuales a partir de 2020. La ONU ya había alertado de que la capitalización de este fondo era fundamental para que las negociaciones de París salieran adelante.

Una de las claves que permitieron desbloquear las negociaciones fue el punto donde se urgió a los países desarrollados a prever y movilizar soporte financiero para acciones ambiciosas de mitigación y adaptación para los países ya afectados por el cambio climático. En ese sentido, el texto invitó a los países a incluir este financiamiento junto a los compromisos de reducción de emisiones que cada parte firmante de la Convención Marco de Cambio Climático debe presentar a la ONU antes de octubre de 2015.

5.2.11. COP 21 (2015) Francia

Después de intensas negociaciones se logró el primer acuerdo universal de lucha contra el cambio climático. Los medios de comunicación y la sociedad comentaron sobre sus bondades y sus faltas, pero los puntos más destacados del mismo son:

- Tiene como objetivo mantener la temperatura media mundial muy por debajo de 2 grados centígrados respecto a los niveles preindustriales, aunque los países se comprometen a llevar a cabo todos los esfuerzos necesarios para que no rebase los 1,5 grados y evitar así impactos catastróficos.

- El acuerdo adoptado es legalmente vinculante, pero no la decisión que lo acompaña ni los objetivos nacionales de reducción de emisiones. No obstante, el mecanismo de revisión de los compromisos de cada país sí es jurídicamente vinculante para tratar de garantizar su cumplimiento.

- Con respecto a las reducciones de emisiones, 186 países de los 195 que han participado en la COP21 han entregado sus compromisos nacionales de reducción de emisiones, conocidos, por sus siglas en inglés NDC que significan Contribuciones Nacionalmente Determinadas que entrarán en vigor en 2020.

- Los países revisarán sus compromisos cada 5 años, para asegurar que se alcance el objetivo de mantener la temperatura muy por debajo de 2 grados.

Es cierto que no se han previsto sanciones, pero existirá un mecanismo transparente de seguimiento del cumplimiento para tratar de garantizar que todos los países cumplan con lo prometido.

Como objetivo a largo plazo, los países buscan limitar las emisiones tan pronto como sea posible, tratando de buscar un equilibrio entre los gases emitidos y los que pueden ser absorbidos a partir del año 2050, es decir, cero emisiones netas.

El acuerdo fija que los países desarrollados deben contribuir a financiar la mitigación y la adaptación en los estados en desarrollo. Los ricos deberán movilizar un mínimo de 100.000 millones anualmente desde 2020 para apoyar la mitigación y adaptación al cambio climático en los países en desarrollo, así como revisarla al alza antes de 2025.

El acuerdo identifica la necesidad de poner en marcha lo que se ha llamado el Mecanismo de Pérdidas y Daños asociados a los efectos del cambio climático.

El texto adoptado se acordó ratificarlo durante un año a partir del 22 de abril 2016, Día Internacional de la Madre Tierra y para que sea efectivos será necesaria la firma de al menos 55 países. Así mismo se señaló que el acuerdo será depositado en la sede de Naciones Unidas en Nueva York.

Se pueden resumir las claves de este acuerdo en cuatro aspectos:
- Metas: Para lograr el objetivo de que el aumento de la temperatura media a finales de siglo se quede entre los 1,5 y 2 grados se establece que todos los países deberán alcanzar un techo en sus emisiones de gases de efecto invernadero lo antes posible.
- Mitigación: El principal instrumento sobre el que se construye el acuerdo son las llamadas contribuciones nacionales. (NDC).
- Vinculación: Oficialmente se ha insistido que el acuerdo será vinculante. No son vinculantes son los objetivos de reducción de emisiones de cada país.
- Financiación: Para que los países con menos recursos puedan adaptarse a los efectos del cambio climático y para que puedan reducir también sus emisiones se establece la obligación de que exista ayuda internacional.

Compromisos adquiridos por los países ante el Acuerdo de París

Artículo 4: Establece que cada País deberá comunicar una contribución determinada a nivel nacional (NDC) cada cinco años. Según el numeral 13 de este artículo. Cada País deberá rendir cuentas de sus contribuciones determinadas a nivel nacional, promoviendo la integridad ambiental, la transparencia, la exactitud, la exhaustividad, la comparabilidad y la coherencia y velar por que se evite el doble cómputo en las mediciones nacionales.

Artículo 7: En su numeral 9 establece que cada país debe emprender procesos de planificación de la adaptación y adoptar medidas, como la formulación o mejora de los planes, políticas y/o contribuciones pertinentes, lo que podrá incluir:
a) La aplicación de medidas, iniciativas y/o esfuerzos de adaptación;
b) El proceso de formulación y ejecución de los planes nacionales de adaptación;
c) La evaluación de los efectos del cambio climático y de la vulnerabilidad a este, con miras a formular sus medidas prioritarias determinadas a nivel nacional, teniendo en cuenta a las personas, los lugares y los ecosistemas vulnerables;
d) Información relacionada con evitar, reducir al mínimo y afrontar las pérdidas y los daños;
e) La vigilancia y evaluación de los planes, políticas, programas y medidas de adaptación y la extracción de las enseñanzas correspondientes; y
f) El aumento de la resiliencia de los sistemas socioeconómicos y ecológicos, en particular mediante la diversificación económica y la gestión sostenible de los recursos naturales

Así mismo cada país deberá, actualizar y presentar información periódicamente sobre el proceso de Adaptación.

Artículos 9-11. Información sobre el apoyo en forma de financiación, transferencia de tecnología y fomento de la capacidad requerido y recibido.

Artículo 12. Los países deberán cooperar en la adopción de las medidas que correspondan para mejorar la educación, la formación, la sensibilización y participación del público y el acceso público a la información sobre el cambio climático, teniendo presente la importancia de estas medidas para mejorar la acción en el marco del presente Acuerdo.

Artículo 13. Numeral 7. Cada país deberá proporcionar periódicamente la siguiente información: Informe de Transparencia Bienal (BTR, por sus siglas en inglés)
- Inventarios GEI, como parte del BTR (bienal)
- Comunicaciones Nacionales (CN), cada cuatro años

5.2.12. COP 22 (2016) Marrakech Marruecos

Se aprobó una agenda para enfrentar el cambio climático denominada la Proclamación de acción por el clima y el desarrollo sostenible de Marrakech.

En el documento se comprometen a promover, antes del 2020, acciones para frenar el calentamiento global y responder a las necesidades de países en vías de desarrollo.

Los países que integran la convención de cambio climático también acordaron avanzar en materia de financiación climática, dando continuidad, más allá del 2020, al Fondo de Adaptación y el Protocolo de Kioto, que expiraba ese año se incorporó al Acuerdo de París, firmado en diciembre del 2015, fruto de la COP 21, cuyo objetivo principal es que el aumento de la temperatura a final de este siglo no pase de los dos grados respecto a los niveles preindustriales.

Por otro lado, en la cumbre se dieron los primeros pasos en la redacción del reglamento que regirá el Acuerdo de París, que inicialmente fue ratificado por 111 países responsables de casi el 80 por ciento de las emisiones mundiales de carbono. La definición de estas normas deberá finalizar en 2018, dos años antes de que ese acuerdo empiece a aplicarse.

En Marruecos, los países se comprometieron, además, a aumentar progresivamente, tras 2020, los 100.000 millones de dólares de fondos públicos y privados que se destinarán anualmente para la financiación climática a países en desarrollo y pobres. A partir de esa fecha se convierte en obligatorio el control, cada cinco años, de emisiones de gases con efecto invernadero, pieza clave para controlar el calentamiento del planeta.

Para verificar el progreso en la implementación de los compromisos, los 196 firmantes del documento se darán cita en el 2017, en la COP 23 que se realizará en Alemania.

Ante la posibilidad de que Estados Unidos abandone el Acuerdo de París, según lo expresado por el presidente de ese país, quien dijo durante su campaña electoral que el cambio climático es una "patraña", los firmantes de la COP 22 aprobaron una proclamación en la que reafirmaron que su lucha es "irreversible" y pidieron "el máximo compromiso político" de los líderes mundiales.

Algunas de las principales ONG del mundo se quejaron del resultado "modesto" de la cumbre. Si bien los defensores ecologistas coincidieron en saludar el respaldo dado al Acuerdo de París, criticaron el aplazamiento para diseñar herramientas para pasar a la acción climática.

Climate Action Network expresó decepción "por la falta de urgencia mostrada por los países desarrollados a la hora de cumplir su promesa de proporcionar fondos necesarios a los países en vías de desarrollo", dijo en una declaración Sanjay Vashist, director de esa organización en Asia del sur.

Greenpeace también recordó la necesidad de un plan de trabajo para lograr recortes de emisiones más profundos, "47 naciones se han comprometido con un futuro 100 por ciento renovable, lo que supone una muestra de liderazgo y visión de futuro cuando más lo necesita el planeta", dijo la directora de Greenpeace, Jennifer Morgan.

Uno de los puntos concretos que se quedó de lado en las negociaciones de la COP 22 y defraudó a los ambientalistas es la financiación destinada a la adaptación.

Este compromiso de trabajo en equipo quedó de manifiesto con la ratificación de este pacto internacional con la incorporación en los últimos días de naciones como Reino Unido, Australia, Guatemala, Malasia, Pakistán y Tanzania.

5.2.13. COP 23 (2017) Bonn Alemania

Durante las negociaciones los países trabajaron en puntos cruciales para la urgente implementación del Acuerdo de París, que permitirá que el aumento de temperatura no sobrepase los 1.5°C.

Ecuador, a nombre del Grupo negociador G77+China (que agrupa 134 países) sostuvo que se necesitaba avanzar prioritariamente en el financiamiento del Fondo Verde para el Clima (FVC), que permite captar recursos financieros de los países desarrollados para que las naciones en desarrollo y más vulnerables puedan afrontar las consecuencias del cambio climático. El FVC espera contar con 100 mil millones de dólares anuales a partir del 2020. Sin duda uno de los grandes retos de los próximos años será avanzar en ese tema.

También recordó también que el planeta ya afronta las variaciones del clima, a través de graves inundaciones, derretimiento de glaciares, sequías, que además son amenazas para la seguridad alimentaria; e hizo un llamado para proteger a las mujeres, niños, niñas, migrantes y refugiados quienes son los más afectados por el cambio climático, considerado la amenaza global más grande de este siglo.

Temas clave: agricultura, seguridad alimentaria y conocimientos locales

Diálogo de Talanoa – se activa y pone en movimiento el plan para acelerar la acción climática con el fin de limitar el aumento de la temperatura. Las Partes decidieron que el diálogo tendrá una fase preparatoria y otra política que será liderada por las presidencias de la COP23 y la COP24. Durante el diálogo las Partes opinaron sobre el informe del IPCC sobre sobre 1.5°C que fue presentado por el Grupo Intergubernamental de Expertos sobre Cambio Climático (IPCC). Durante la etapa política, que se ll3vó a cabo con la presencia de los ministros en la COP24

Acciones más ambiciosas pre 2020 – Algunos países demostraron que ya están avanzando en acciones de mitigación y adaptación previo al 2020, aunque se requiere hacerlo con más urgencia y mayor ambición. Durante la COP23 quedó claro que si existe ambición antes del 2020 se puede sentar una base sólida para que exista una mayor ambición post 2020, y por ende se apostará por NDCs más robustas. Los negociadores deberán avanzar en la ratificación de la llamada "Enmienda de Doha", referente a los compromisos de reducción previos al 2020.

Durante la COP23 varios países de Latinoamérica presentaron avances en torno a su compromiso climático (NDC). Es importante evidenciar estos aportes conocer los avances registrados, considerando que nos queda poco tiempo para que comience a implementarse oficialmente el Acuerdo de París (2020), y para ese entonces, los países ya deben tener claro cómo aumentar la ambición.

Los temas que quedaron pendientes: En el tema de financiamiento no hubo el avance esperado, puesto que se esperaba mayor claridad sobre el proceso para llegar a la meta de los 100 mil millones de dólares anuales a partir del 2020.".

En relación al Fondo de Adaptación, se superó la meta del 2017 gracias a los aportes de Alemania e Italia que contribuyeron con 50 millones y 7 millones de euros, respectivamente. El fondo contaba en ese momento con 93 millones de dólares.

Para el mecanismo de pérdidas y daños se está terminando el tiempo y se cierra la ventana para poder presionar a los países desarrollados a trabajar más en este tema, dada la urgencia de brindar herramientas a los países vulnerables de recuperarse luego de eventos climáticos extremos.

5.2.14. COP 24 (2018) Katowice Polonia

El Artículo 13 del acuerdo de París establece que "Cada país deberá proporcionar periódicamente la siguiente información: Informe de Transparencia Bienal (BTR, por sus siglas en inglés), Inventarios de gases efecto invernadero, como parte del BTR (bienal) y Comunicaciones Nacionales (CN), cada cuatro años"

Compromisos adquiridos con la hoja de ruta acordada en la COP 24 en Polonia:

1. Informar antes del 2020 a la secretaria la actualización de la Contribución Nacionalmente Determinada.
2. Informar para el 2022 Cuarta Comunicación Nacional de Cambio Climático (periodo 2010-2015).
3. Informar para el año 2022 el Informe bianual 2016-2018 y presentar primer informe de actualización del inventario 2018-2020
4. Informar para el año 2020 el ultimo inventario bianual
5. Informar para 2024 Quinta Comunicación Nacional, Informe bianual de actualización y antes del 31/12/2022 presentar el primer Informe de Transparencia Bianual.

6. Informar para el año 2026 el último Informe bianual de actualización.

7. A partir del 2024 informar cada 2 años Informe de Transparencia Bienal y cada 4 años las comunicaciones nacionales.

8. A partir del 2020 las actualizaciones de las contribuciones nacionales serán cada 5 años

9. Los países que proporcionen su comunicación sobre la adaptación como parte de una comunicación nacional o un plan nacional de adaptación deben hacerlo considerando las directrices de la conferencia de las partes

10. A partir del 2025 Cada país participará en un examen técnico por expertos y un examen facilitador y multilateral de los progresos alcanzados en sus esfuerzos relacionados con lo dispuesto en el acuerdo, así como en la aplicación y el cumplimiento de su respectiva contribución determinada a nivel nacional. Este examen se desarrolla en dos fases:

Fase 1: Se realizarán preguntas escritas al país a través de una plataforma en línea (Abierta tres meses previos a las sesiones del grupo de trabajo). El país realizará los mejores esfuerzos para responder por escrito a las preguntas (un mes antes). La Secretaría compila las preguntas y respuestas y las publica en la página web de la CMNUCC.

Fase 2 Presentación por parte del país y discusión enfocada en la presentación, así como respuestas por escrito adicionales que hayan surgido durante la discusión (dentro de los 30 días siguientes a la sesión) La Secretaría prepara y publica en la página web de la CMNUCC un registro publico

5.3 El reto de no superar una temperatura global de 2°C

Desde la perspectiva de la Convención Marco de Naciones Unidas sobre el Cambio Climático (CMNUCC), los Acuerdos de Cancún, alcanzados en la COP16 durante el 2010, pueden considerarse como un hito en lo que respecta a la definición de un umbral de aumento en la temperatura mundial que no debería sobrepasarse y sentaron las bases para cinco años después, llegar al acuerdo de París.

En París las partes acordaron limitar el calentamiento global por debajo de 2°C respecto a los niveles pre-industriales, así como para revisar sus acciones a la luz de un límite de 1.5 ° C de aumento, que es la meta demanda por centenares de organizaciones de la sociedad civil, así como pequeños estados islas, países menos adelantados y otros países vulnerables a los impactos del cambio climático.

Dado que la meta de no superar los 2 grados ° C ya representa un consenso mundial, los países deben hacer los correspondientes esfuerzos de mitigación de gases de efecto invernadero (GEI) para lograr dicha meta.

Este objetivo se ha derivado de la intensa labor científica para lograr una "estabilización de las concentraciones de gases de efecto invernadero en la atmosfera a un nivel que impida interferencias antropogénicas peligrosas en el sistema climático" (Art.2. CMNUCC 1992).

Con el actual aumento de la temperatura global (aproximadamente 1°C por encima de los niveles pre-industriales), ya se ha observado una amplia gana de impactos del cambio climático. Aunque la adaptación al cambio climático es posible en un escenario de aumento de temperatura de 2°C, dicho escenario tendrá importantes impactos primarios y secundarios en el mundo.

Lamentablemente, algunos estudios indican que hoy es muy difícil la estabilización de la temperatura por debajo de los 2 grados, en cuyo caso la humanidad podría dirigirse a un escenario, donde la adaptación se vuelve inviable, poniendo en serio riesgo la sobrevivencia de miles de especies en la tierra, incluyendo los seres humanos.

Un importante trabajo científico desarrollado por ONU ambiente, titulado Informe sobre la Disparidad en las Emisiones de 2019 demuestra la realidad de la situación actual, del que se tomaron las principales conclusiones: Disponible en: https://wedocs.unep.org/bitstream/handle/20.500.11822/30798/EGR19ESSP.pdf?sequence=17

1. *Los compromisos actuales contenidos en las CDN no son adecuados para eliminar la disparidad en las emisiones en 2030. Técnicamente, todavía resulta posible eliminar la disparidad para mantener el calentamiento del planeta muy por debajo de 2 °C y 1,5 °C; sin embargo, si no se aumentan las aspiraciones de las CDN antes de 2030, ya no será posible evitar superar la meta de 1,5 °C. Ahora más que nunca se requieren medidas urgentes y sin precedentes por parte de todas las naciones. Al evaluar las medidas de los países del G20 se observa que tales medidas todavía no se han adoptado; de hecho, las emisiones mundiales de CO_2 aumentaron en 2017 después de tres años de estancamiento.*

2. *No se aprecian indicios de que las emisiones mundiales de gases de efecto invernadero hayan alcanzado sus niveles máximos. Las emisiones mundiales de CO_2 del sector energético y la industria aumentaron en 2017 después de tres años de estabilización. Las emisiones anuales totales de gases de efecto invernadero, incluidas las derivadas del cambio en el uso de la tierra, alcanzaron en 2017 una cifra sin precedentes de 53,5 Gt CO_2e, lo que representa un incremento de 0,7 Gt CO_2e con respecto a 2016. En cambio, las emisiones mundiales de gases de efecto invernadero en 2030 deben ser aproximadamente un 25% y un 55% más bajas que en 2017 para que el mundo tome la trayectoria de menor costo con vistas a limitar el calentamiento del planeta a 2 °C y 1,5 °C, respectivamente.*

3. *Los países han de dotar de mayor ambición a las CDN, ampliar las políticas nacionales y hacerlas más eficaces para alcanzar los objetivos de temperatura del Acuerdo de París. A fin de eliminar la disparidad en las emisiones en 2030 y promover una descarbonización a largo plazo acorde con los objetivos del Acuerdo de París, los países deben mostrarse más ambiciosos en sus iniciativas de mitigación. Establecer CDN más ambiciosas transmite un mensaje importante en relación con el compromiso en favor de la mitigación, tanto a nivel internacional como nacional. No obstante, las políticas nacionales son fundamentales para que estos objetivos ambiciosos se traduzcan en medidas de mitigación.*

A modo de conclusión.

El cambio climático, producido por el calentamiento global, debido a la acumulación en la atmósfera y los océanos de altas emisiones de gases efecto invernadero es originado por el ser humano.

El exceso de gases efecto invernadero en la atmósfera y los océanos está cambiando la composición química de las aguas marinas, contribuyendo a su acidificación.

El exceso de calor en la atmósfera se está transfiriendo a los océanos y junto al derretimiento de los glaciares está contribuyendo a la elevación del nivel del mar.

Muchas regiones del mundo están percibiendo los efectos del cambio climático y en los países menos desarrollados los impactos son mayores debido a la insuficiencia de recursos, la carencia de tecnologías y conocimientos para hacer frente a una carga adicional que implica el cambio climático para su desarrollo.

Existen suficientes evidencias científicas sobre los efectos, riesgos e impactos del cambio climático, pero se necesita traducir el lenguaje científico de los informes e investigaciones a un lenguaje que sea comprensible para todos.

Los países llevan más de 15 años negociando para dar una respuesta efectiva a la reducción de las emisiones de gases efecto invernadero, la mitigación y adaptación al cambio climático. Se han logrado avances, pero son insuficientes en un momento histórico donde el tiempo disponible para una respuesta efectiva, se agota

Referencias bibliográficas.

Alianza Clima y Desarrollo 2012: La Gestión de Riesgos de Eventos Extremos y Desastres en América Latina y el Caribe: Aprendizajes del Informe Especial (SREX) del IPCC, disponible en www.cdkn.org/srex.

CEPAL Comisión Económica para América Latina y el Caribe (2015) Adaptación al cambio climático en América Latina y el Caribe. Chile.

Chardon A. (1997) La percepción del riesgo y los factores socioculturales de vulnerabilidad: Caso de la ciudad de Manizales, Colombia. Desastres y Sociedad: Revista Semestral de la Red de Estudios Sociales en Prevención de Desastres en América Latina: Especial: Psicología Social y Desastres;5(8):11-34, ene. - dic. 1997. ilus.

Cardona, O.D. (2001). "Estimación Holística del Riesgo Sísmico utilizando Sistema Dinámicos Complejos" Universidad Politécnica de Cataluña, Barcelona.
http://www.desenredando.org/public/varios/2001/ehrisusd/index.html

Cardona, O.D., M.K. van Aalst, J. Birkmann, M. Fordham, G. McGregor, R. Pérez, R.S. Pulwarty, E.L.F. Schipper, and B.T. Sinh, 2012, en IPCC, (2012): "Resumen para responsables de políticas" en el Informe especial sobre la gestión de los riesgos de fenómenos meteorológicos extremos y desastres para mejorar la adaptación al cambio climático. Reino Unido y Nueva York, Nueva York, Estados Unidos de América

Carlowicz M. (2017) El viento del Pacífico y los cambios actuales traen clima cálido y salvaje. Recuperado 2017 de:
http://earthobservatory.nasa.gov/Features/ElNino/?src=eoa-features

GCCIP (1997) Global Climate Change Information Programme). http://www.doc.mmu.ac.uk/

Glynn y Heinke (1999) Ingeniería Ambiental, Prentise Hall, 2da ed. México

IPCC (1996) Guías del IPCC en Buenas Prácticas y Gestión de Incertidumbres. Grupo de Inventarios Nacionales de Gases efecto Invernadero del IPCC

IPCC (2000) Guías Revisadas Buenas Prácticas y Gestión de Incertidumbres. Grupo de Inventarios Nacionales de Gases efecto Invernadero del IPCC

IPCC, (2003) Guías en Buenas Prácticas para Uso de la Tierra, Cambio de Uso de la Tierra y Silvicultura. Grupo de Inventarios Nacionales de Gases efecto Invernadero del IPCC

IPCC. (2006) Guidelines for National Greenhouse Gas Inventories, Prepared by the National Greenhouse Gas Inventories Programme, Eggleston H.S., Buendia L., Miwa K., Ngara T. y Tanabe K. (eds). Published: IGES, Japón

IPCC (2007) Summary for Policymakers. In: Climate Change 2007: The Physical Science Basis. Contribution of Working Group I to the Four Assessment Report of the Intergovernmental Panel on Climate Change [Solomon, S., D. Qin, M. Manning, Z. enhen, M. Marquis, K.B. Averyt, M Cambridge University Press, Cambridge, Reino Unido y Nueva York, Nueva York, Estados Unidos de América

IPCC, (2013) "Resumen para responsables de políticas. En: Cambio Climático 2013: Bases físicas. Contribución del Grupo de trabajo I al Quinto Informe de Evaluación del Grupo Intergubernamental de Expertos sobre el Cambio Climático" [Stocker, T. F., D. Qin, G.-K. Plattner, M. Tignor, S. K. Allen, J. Boschung, A. Nauels, Y. Xia, V. Bex y P.M. Midgley (eds.)].

Cambridge University Press, Cambridge, Reino Unido y Nueva York, NY, Estados Unidos de América.

IPCC, 2014: Cambio climático 2014: Informe de síntesis. Contribución de los Grupos de trabajo I, II y III al Quinto Informe de Evaluación del Grupo Intergubernamental de Expertos sobre el Cambio Climático [Equipo principal de redacción, R.K. Pachauri y L.A. Meyer (eds.)]. IPCC, Ginebra, Suiza, 157 págs

IPCC, 2014a: Resumen para responsables de políticas. En: Cambio climático 2014: Mitigación del cambio climático. Contribución del Grupo de trabajo III al Quinto Informe de Evaluación del Grupo Intergubernamental de Expertos sobre el Cambio Climático [Edenhofer, O., R. Pichs-Madruga, Y. Sokona, E. Farahani, S. Kadner, K. Seyboth, A. Adler, I. Baum, S. Brunner,

IPCC, 2014b: Cambio climático 2014: Impactos, adaptación y vulnerabilidad. Resúmenes, preguntas frecuentes y recuadros multicapítulos. Contribución del Grupo de trabajo II al Quinto Informe de Evaluación del Grupo Intergubernamental de Expertos sobre el Cambio Climático [Field, C.B., V.R. Barros, D.J. Dokken, K.J. Mach, M.D. Mastrandrea, T.E. Bilir, M. Chatterjee, K.L. Ebi, Y.O. Estrada, R.C. Genova, B. Girma, E.S. Kissel, A.N. Levy, S. MacCracken, P.R. Mastrandrea y L.L. White (eds.)]. Organización Meteorológica Mundial, Ginebra (Suiza), 200 págs

IPCC, 2019 (a): Summary for Policymakers. In: Climate Change and Land: an IPCC special report on climate change, desertification, land degradation, sustainable land management, food security, and greenhouse gas fluxes in terrestrial ecosystems [P.R. Shukla, J. Skea, E. Calvo Buendia, V. Masson-Delmotte, H.- O. Pörtner, D. C. Roberts, P. Zhai, R. Slade, S. Connors, R. van Diemen, M. Ferrat, E. Haughey, S. Luz, S. Neogi, M. Pathak, J. Petzold, J. Portugal Pereira, P. Vyas, E. Huntley, K. Kissick, M. Belkacemi, J. Malley, (eds.)]. In press

IPCC, 2019 (b): Summary for Policymakers. In: IPCC Special Report on the Ocean and Cryosphere in a Changing Climate [H.-O. Pörtner, D.C. Roberts, V. Masson-Delmotte, P. Zhai, M. Tignor, E. Poloczanska, K. Mintenbeck, A. Alegría, M. Nicolai, A. Okem, J. Petzold, B. Rama, N.M. Weyer (eds.)]. In press.. Disponible en https://www.ipcc.ch/srocc/chapter/summary-for-policymakers/

Lavell, A. (1996) "Degradación Ambiental, Riesgo y Desastre Urbano: Problemas y Conceptos". En Fernández, María Augusta. Ciudades en Riesgo. LA RED. USAID.Lima, Perú.

Lavel, A. (2008) Apuntes para una reflexión institucional en países de la Subregión Andina sobre el enfoque de la Gestión del Riesgo. PREDECAN. Comunidad Andina. Comisión Europea. Perú

Lavell, A., M. Oppenheimer, C. Diop, J. Hess, R. Lempert, J. Li, R. Muir-Wood, and S. Myeong, (2012). En IPCC, 2012: "Resumen para responsables de políticas" en el Informe especial sobre la gestión de los riesgos de fenómenos meteorológicos extremos y desastres para mejorar la adaptación al cambio climático

Linham M, Nicholls R. (2010) Technologies for Climate Change Adaptation. Coastal Erosion and Flooding. Editor Xianli Zhu, UNEP Risø Centre. UNEP Risø Centre on Energy, Climate and Sustainable Development Risø DTU National Laboratory for Sustainable Energy. Denmark.

Mc Entire (2004), Development, disaster and vulnerability: A discussion of divergent theories and need for their integration. Disaster prevention and management

Milán, (2004) Manual de estudios ambientales para la planificación y los proyectos de desarrollo. Universidad Nacional de Ingeniería (UNI). Managua. Nicaragua. Disponible en: https://cambioclimaticoytecnologia.com/bibliografia/

Milán (2020) Guías para el estudio, planificación y restauración del medio ambiente. Tomo I. Disponible en: https://www.amazon.com/dp/B081Y9LSFZ

Miller G.T. and Spollman S. (2009) Living in the Environment: Concepts, Connections, and Solutions. 16 edition © 2009, 2007 Brooks/Cole, Cengage Learning. ISBN-13: 978-0-495-55671-8. ISBN-10: 0-495-55671-8 USA

Ministerio de Agricultura, Alimentación y Medio Ambiente Cambio Climático (2014) Impactos, Adaptación y Vulnerabilidad. Guía resumida del quinto informe de evaluación del IPCC grupo de trabajo ii. (Fundación Biodiversidad, Oficina Española de Cambio Climático, Agencia Estatal de Meteorología, Centro Nacional de Educación Ambiental. España

Noble, I.R., S. Huq, Y.A. Anokhin, J. Carmin, D. Goudou, F.P. Lansigan, B. Osman-Elasha, and A. Villamizar (2014), Adaptation needs and options. In: Climate Change 2014: Impacts, Adaptation, and Vulnerability. Part A: Global and Sectoral Aspects. Contribution of Working Group II to the Fifth Assessment Report of the Intergovernmental Panel on Climate Change [Field, C.B., V.R. Barros, D.J. Dokken, K.J. Mach, M.D. Mastrandrea, T.E. Bilir, M. Chatterjee, K.L. Ebi, Y.O. Estrada, R.C. Genova, B. Girma, E.S. Kissel, A.N. Levy, S. MacCracken, P.R. Mastrandrea, and L.L. White (eds.)]. Cambridge University Press, Cambridge, United Kingdom and New York, NY, USA, pp. 833-868.

Organización Meterológica Mundial (WMO) (1964) Winds, Breaks and Shelterbelts. Technical

Programa de las Naciones Unidas para el Desarrollo (PNUD) (2007) Informe sobre Desarrollo Humano 2007-2008 La lucha contra el cambio climático: Solidaridad frente a un mundo dividido. Grupo Mundi-Prensa. Madrid. España.

Secretaría del Sistema Mundial de Observación del Clima (2015) Estado del Sistema Mundial de Observación del Clima. Publicado en Bulletin nº : Vol. 65 (1) – 2016. Disponible en: https://public.wmo.int/es/resources/bulletin/estado-del-sistema-mundial-de-observaci%C3%B3n-del-clima

Smith, T. et. Al (2008) Improvements to NOAA's Historical Merged Land–Ocean Surface Temperature Analysis (1880–2006). Journal Climate Vol 21. DOI: 10.1175/2007JCLI2100.1

Tompkins, E.L., M.C. Lemos, and E. Boyd (2010), A less disastrous disaster: managing response to climatedriven hazards in the Cayman Islands and NE Brazil. Environmental Change, 18(4), 736-745.

UICN (2012), Adaptación basada en ecosistemas: Una respuesta al cambio climático (https://portals.iucn.org/library/efiles/documents/2012-004.pdf).

UNEP, Assessment, United, Nations Environment Programmed (2010). Environmental Effects of Ozone Depletion. ISBN 92-807-2312-X) http://ozone.unep.org/spanish/Ratification_status/montreal_protocol.shtml, UNEP, Environmental Effects of Ozone Depletion Recuperado Octubre 2016.

UNFCCC United Nations Framework Convention on Climate Change (2007) Climate Change: Impacts,Vvulnerabilities and

Adaptation in Developing Countries. Disponible en:
https://unfccc.int/resource/docs/publications/impacts.pdf

UNFCCC United Nations Framework Convention on Climate Change (2002) Manual sobre Evaluaciones de Vulnerabilidad y Adaptación. Alemania.

Vinner y Hulme, (1993) A climate change scenario for the tropics. Disponible en:
https://www.researchgate.net/publication/226553550_A_Climate_Change_Scenario_for_the_Tropics

Wilches-Chaux, G., 1989: Desastres, ecologismo y formación profesional. SENA, Popayán, Colombia.

WMO (Organización Meteorologica Mundial) (2009) Manual on Estimation of Probable Maximum Precipitation (PMP) WMO-No. 1045. Disponible en:
http://www.wmo.int/pages/prog/hwrp/publications/PMP/WMO%201045%20en.pdf

Sitios web consultados:

https://sealevel.jpl.nasa.gov/missions/jason1/

https://climate.nasa.gov/evidencia/

https://unfccc.int/resource/docs/convkp/kpspan.pdf

https://unfccc.int/resource/docs/2010/cop16/spa/07a01s.pdf

https://www.epa.gov/ozone-layer-protection

https://www.epa.gov/ghgemissions/understanding-global-warming-potentials

https://www.climate.gov/teaching/resources/atmospheric-co2-mauna-loa-observatory.

https://www.climatecentral.org/

https://unfccc.int/resource/docs/convkp/convsp.pdf

www.ipcc.ch.

https://www.epa.gov/ozone-layer-protection

https://www.epa.gov/ozone-layer-protection/health-and-environmental-effects-ozone-layer-depletion

https://www.ncdc.noaa.gov/data-access/land-based-station-data/land-based-datasets/global-historical-climatology-network-monthly-version-3

https://wedocs.unep.org/bitstream/handle/20.500.11822/30798/EGR19ESSP.pdf?sequence=17

ÍNDICE

I want morebooks!

Buy your books fast and straightforward online - at one of world's fastest growing online book stores! Environmentally sound due to Print-on-Demand technologies.

Buy your books online at
www.morebooks.shop

¡Compre sus libros rápido y directo en internet, en una de las librerías en línea con mayor crecimiento en el mundo! Producción que protege el medio ambiente a través de las tecnologías de impresión bajo demanda.

Compre sus libros online en
www.morebooks.shop

KS OmniScriptum Publishing
Brivibas gatve 197
LV-1039 Riga, Latvia
Telefax: +371 686 204 55

info@omniscriptum.com
www.omniscriptum.com